全国测绘地理信息类职业教育规划教材

测绘工程应用数学

主　编　刘世金　刘仁钊
副主编　姚先文　张毅敏

黄河水利出版社
·郑州·

内 容 提 要

本书根据工程测量专业真实工作任务和专业课程实际教学任务需要，将工程测量类专业数学课程内容按各个专业能力训练项目开发为5个教学模块：向量与空间解析几何、多元函数的微分及其应用、矩阵与线性方程组、概率论与数理统计初步、数值计算基础.

本书可作为高职院校工程测量类专业的应用数学教材，也可以为在岗职工技术培训提供帮助.

图书在版编目(CIP)数据

测绘工程应用数学/刘世金，刘仁钊主编. —郑州：黄河水利出版社，2019.8

全国测绘地理信息类职业教育规划教材

ISBN 978-7-5509-2419-2

Ⅰ.①测… Ⅱ.①刘…②刘… Ⅲ.①工程测量-应用数学-高等职业教育-教材 Ⅳ.①TB22

中国版本图书馆 CIP 数据核字(2019)第125750号

策划编辑：陶金志　电话：0371-66025273　E-mail：838739632@qq.com

出 版 社：黄河水利出版社　网址：www.yrcp.com

地址：河南省郑州市顺河路黄委会综合楼14层　邮政编码：450003

发行单位：黄河水利出版社

发行部电话：0371-66026940、66020550、66028024、66022620(传真)

E-mail：hhslcbs@126.com

承印单位：河南承创印务有限公司

开本：787 mm×1 092 mm　1/16

印张：7.75

字数：190千字　印数：1—3 000

版次：2019年8月第1版　印次：2019年8月第1次印刷

定价：32.00元

前 言

本书是工程测量类专业数学教学改革研究小组研究成果之一,为工程测量类专业的应用数学教材。

在高职院校工程测量类专业人才培养方案中,应用数学是必修的专业基础课程.课程的教学目标是:在培养学生创造性思维的同时,着力于培养学生如何利用数学知识,熟练地分析和解决专业教学中所遇到的问题,并且为学生后续的专业课程学习提供良好的基础保障.

研究小组提出工程测量类专业数学课程“分项关联模块化”设计理念,即以工程测量类各专业核心能力训练项目为主线,根据工程测量专业真实工作任务和专业课程实际教学任务的需要,将工程测量类专业数学课程内容,按各个专业能力训练项目开发成不同的数学教学模块,构建“数学模块化教学内容与各个专业能力训练项目有机融合”的一体化、项目化课程体系,同时在教学方法上设计了 TMR “任务(Task)—模型(Model)—实现(Realization)”三步教学法,以提升“分项关联模块化”设计理念的教学效果,突出学生运用数学知识解决专业实际问题的能力.而对纯数学理论(数学概念、公式定理及程序算法)则采用“拿来主义”,即对分析解决本项目任务中用得上的数学知识和实现算法直接“拿来”应用,减少理论叙述,突出其工具性和应用性,忽略其系统性和基础性.

本书参考学时为 60 学时,安排了 5 个教学模块:向量与空间解析几何、多元函数的微分及其应用、矩阵与线性方程组、概率论与数理统计初步、数值计算基础.为帮助学生更好地使用教材,书后还安排了一个附录,内容为“Matlab 工程实践”,主要是结合学习任务,列举了各章节工程实践应用的 Matlab 实现方法.

本书由湖北国土资源职业学院刘世金、刘仁钊担任主编,姚先文、张毅敏担任副主编.参加本书编写工作的有刘大利、苏京燕、张喆、梅丽、黄友芳、赵霞、陈玉洁。本书在编写过程中参考并吸收了行业内相关教材及著作的成果,在此对相关作者表示诚挚的谢意!

另外,湖北省地质局第四地质大队刘莉、湖北国土资源职业学院毛志雄等同志在本书的编写过程中也做了一些工作,在此一并致谢!

由于编者水平有限及时间仓促,书中难免有疏漏之处,恳请广大读者斧正.

编 者

2019 年 2 月

前 言

[illegible]

编 者

2019 年 3 月

目 录

第 1 章　向量与空间解析几何

问题引入：

众所周知，我国第一颗人造地球卫星的运行轨迹是椭圆，其方程为 $\frac{x^2}{7\,783^2}+\frac{y^2}{7\,722^2}=1$，可见对几何图形的正确认识能帮助我们进一步认知世界和改造世界，那么在空间中的图形如何定位、测量和表示呢？本章将介绍用矢量代数方法研究空间图形的几何问题.

1.1　平面直角坐标系

1.1.1　平面直角坐标系的概念

确定平面内的点的位置有两种确定方式：直角坐标系和极坐标系.

1.1.1.1　直角坐标系

在平面内，两条互相垂直且有公共原点的数轴组成平面直角坐标系、坐标平面上的任意点 M 与有序实数对 (x,y) 一一对应，我们称 (x,y) 为点 M 的平面直角坐标，简称直角坐标.

如图 1-1-1 所示，水平的数轴称为 x 轴或横轴，习惯上取向右为正方向；竖直的数轴称为 y 轴或纵轴，取向上为正方向，两坐标轴的交点为平面直角坐标系的原点.

建立了平面直角坐标系以后，坐标平面就被两条坐标轴分成Ⅰ、Ⅱ、Ⅲ、Ⅳ四个部分，分别叫第一象限、第二象限、第三象限、第四象限. 坐标轴上的点不属于任何象限.

1.1.1.2　极坐标系

按如下步骤建立的坐标系叫作极坐标系：

(1)在平面内任取一定点 O，叫作极点；

(2)过极点 O 引一条射线 Ox，叫作极轴；

(3)选定 1 个长度单位、1 个角度单位(角度单位取弧度)；

(4)规定角度的正方向(常取逆时针方向).

如图 1-1-2 所示，对于平面内任意一点 M，用 ρ 表示极点与 M 点的距离，称作点 M 的极径；用 θ 表示以 Ox 为始边、OM 为终边的旋转角，叫作点 M 的极角. 有序数组 (ρ,θ) 叫作点 M 的极坐标. 一般规定：$\rho\geqslant 0, 0\leqslant\theta<2\pi$.

【例 1-1-1】　写出图 1-1-3 中各点的极坐标.

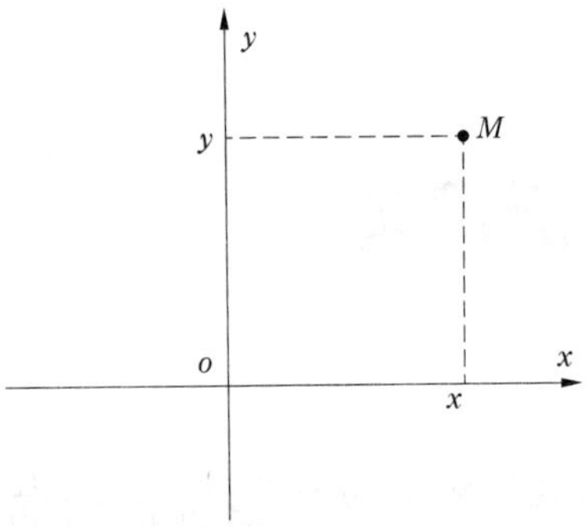

图 1-1-1

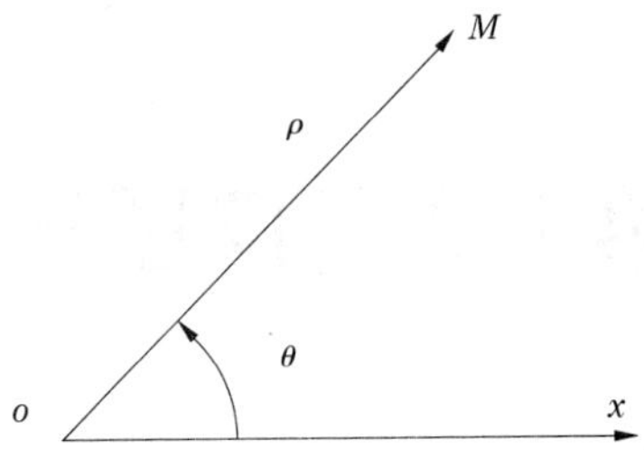

图 1-1-2

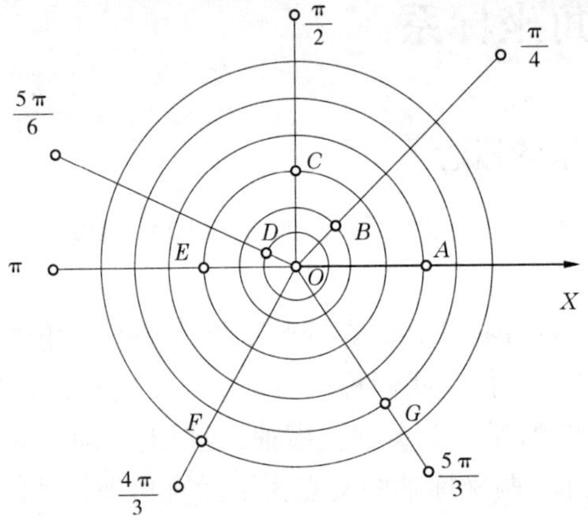

图 1-1-3

解:$A(4,0)$,$B\left(2,\frac{\pi}{4}\right)$,$C\left(3,\frac{\pi}{2}\right)$,$D\left(1,\frac{5\pi}{6}\right)$,$E(3,\pi)$,$F\left(6,\frac{4\pi}{3}\right)$,$G\left(5,\frac{5\pi}{3}\right)$.

1.1.2 平面坐标系的转换

如图 1-1-4 所示,现在以直角坐标系的原点为极坐标系的极点,以 ox 正半轴为极轴,建立极坐标系,设点 M 的直角坐标和极坐标分别为 (x,y)、(ρ,θ),则两种坐标间的转换关系为

$$\begin{cases} x = \rho \cdot \cos\theta \\ y = \rho \cdot \sin\theta \end{cases} \quad (1\text{-}1\text{-}1)$$

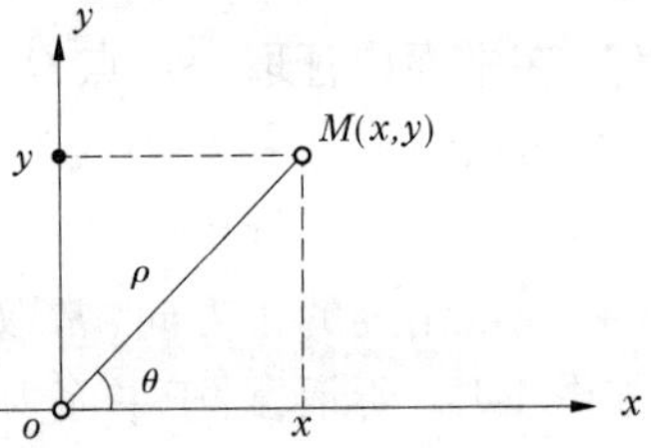

图 1-1-4

其中,
$$\rho = \sqrt{x^2 + y^2}, \tan\theta = \frac{y}{x} \quad (x \neq 0) \quad (1\text{-}1\text{-}2)$$

注:两种坐标之间满足上面换算关系的前提为:

(1)极坐标系的极点和直角坐标系的原点相同(重合);

(2)极坐标系的极轴与直角坐标系的 x 轴的正半轴相同(重合);

(3)两种坐标系选取相同的长度单位.

【例 1-1-2】 将点 $M\left(6,\frac{5\pi}{3}\right)$的极坐标化为直角坐标.

解：$\because \rho=6,\theta=\frac{5\pi}{3}$

$\therefore x=\rho\cos\theta=6\cos\frac{5\pi}{3}=3, y=\rho\sin\theta=6\sin\frac{5\pi}{3}=-3\sqrt{3}$

【例 1-1-3】 将点 $Q(\sqrt{6},-\sqrt{2})$的直角坐标化为极坐标.

解：$\because x=\sqrt{6}, y=-\sqrt{2}$

$\therefore \rho=\sqrt{x^2+y^2}=2\sqrt{2}, \tan\theta=\frac{y}{x}=-\frac{\sqrt{3}}{3}$

又因 Q 落在第四象限，故 $\theta=2\pi-a\tan\left(\frac{\sqrt{3}}{3}\right)=\frac{11\pi}{6}$，所以其极坐标为 $Q\left(-2\sqrt{2},\frac{11\pi}{6}\right)$.

习题 1-1

1. 设点 P 对应的复数为 $-3+3i$，以原点为极点，实轴正半轴为极轴建立极坐标系，求点 P 的极坐标.

2. 在极坐标系中，已知两点 $P(5,\frac{5\pi}{4})$，$Q(1,\frac{\pi}{4})$，求线段 PQ 的长度.

3. 求下列各点的极坐标：

(1)$(3,\sqrt{3})$；(2)$(0,-\frac{\sqrt{5}}{3})$；(3)$(\frac{7}{2},0)$；(4)$(-2,-2\sqrt{3})$.

1.2　向量及其线性运算

1.2.1　向量的概念

在物理学及其他应用科学中常会遇到这样一类量：它们既有大小又有方向，例如力、力矩、位移、速度、加速度等，这类量叫做向量或矢量.

向量常用有向线段来表示. 以 A 为起点、B 为终点的向量记作 $\overrightarrow{AB}$，也可用粗体字母表示，如 $\boldsymbol{a}$，$\boldsymbol{b}$，$\boldsymbol{F}$ 等，如图 1-2-1 所示.

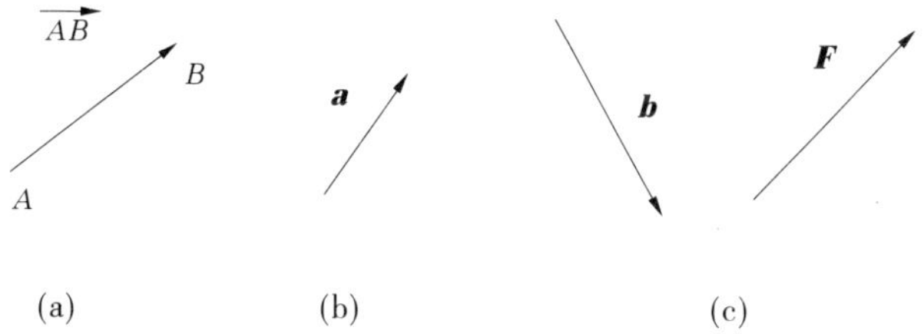

图 1-2-1

向量的大小叫作向量的模. 向量$\overrightarrow{AB}$的模记作$|\overrightarrow{AB}|$;向量 $\boldsymbol{a}$ 的模记作$|\boldsymbol{a}|$;模为 0 的向量,记作 0,0 向量无确定方向;模等于 1 的向量叫作单位向量.

在实际问题中,有些向量与其起点有关,有些向量与其起点无关. 这里只研究与起点无关的向量,即一个向量在保持其大小和方向不变的前提下可以自由平移,这种向量称为自由向量(简称向量).

如果向量 $\boldsymbol{a}$ 与 $\boldsymbol{b}$ 的模相等,方向相同,称 $\boldsymbol{a}$ 与 $\boldsymbol{b}$ 相等,记作 $\boldsymbol{a}=\boldsymbol{b}$;如果向量 $\boldsymbol{a}$ 与 $\boldsymbol{b}$ 的模相等,但方向相反,称向量 $\boldsymbol{a}$ 与 $\boldsymbol{b}$ 互为负向量,记作 $\boldsymbol{a}=-\boldsymbol{b}$ 或 $\boldsymbol{b}=-\boldsymbol{a}$.

1.2.2 向量的加、减法

设向量 $\boldsymbol{a}=\overrightarrow{OA}$,$\boldsymbol{b}=\overrightarrow{OB}$,以$\overrightarrow{OA}$,$\overrightarrow{OB}$为边作平行四边形 $OACB$,则对角线$\overrightarrow{OC}$所表示的向量记为 $\boldsymbol{c}$,即 $\boldsymbol{c}=\overrightarrow{OC}$,称向量 $\boldsymbol{c}$ 为 $\boldsymbol{a}$ 与 $\boldsymbol{b}$ 的和,记为 $\boldsymbol{c}=\boldsymbol{a}+\boldsymbol{b}$. 这种用平行四边形的对角线向量来规定两个向量和的方法,称为向量加法的平行四边形法则.

如果两个向量 $\boldsymbol{a}=\overrightarrow{OA}$,$\boldsymbol{b}=\overrightarrow{OB}$在同一直线上,它们的和是这样规定的:当$\overrightarrow{OA}$与$\overrightarrow{OB}$指向相同时,和向量的方向与原来向量的方向相同,其模等于两向量的模的和;当$\overrightarrow{OA}$与$\overrightarrow{OB}$的指向相反时,和向量的方向与模较大的向量方向相同,其模等于两向量的模的差.

由图 1-2-2 可以看出,$\overrightarrow{BC}=\overrightarrow{OA}=\boldsymbol{a}$,$\overrightarrow{OB}=\overrightarrow{AC}=\boldsymbol{b}$,易见$\overrightarrow{OC}=\overrightarrow{OA}+\overrightarrow{AC}=\overrightarrow{OB}+\overrightarrow{BC}$,即 $\boldsymbol{c}=\boldsymbol{a}+\boldsymbol{b}=\boldsymbol{b}+\boldsymbol{a}$,也就是说,先作向量$\overrightarrow{OA}=\boldsymbol{a}$,以$\overrightarrow{OA}$的终点 A 为起点作$\overrightarrow{AC}=\boldsymbol{b}$,连接 OC,就得到 $\boldsymbol{a}+\boldsymbol{b}=\boldsymbol{c}=\overrightarrow{OC}$,或选作向量$\overrightarrow{OB}=\boldsymbol{b}$,以$\overrightarrow{OB}$的终点 B 为起点,作$\overrightarrow{BC}=\boldsymbol{a}$,连接 OC,就得到 $\boldsymbol{b}+\boldsymbol{a}=\boldsymbol{c}=\overrightarrow{OC}$,这就是向量加法的三角形法则.

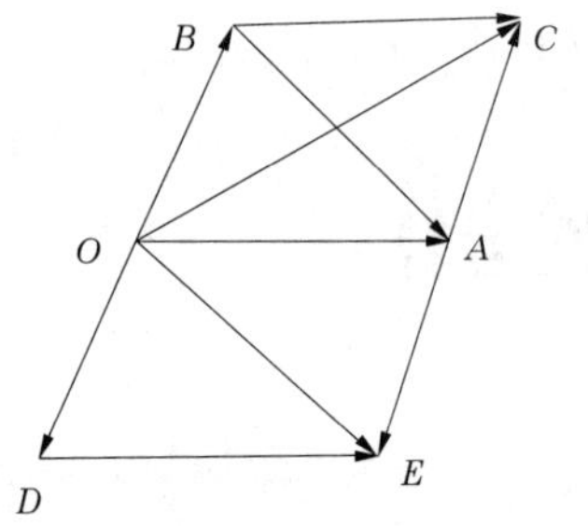

图 1-2-2

向量的加法满足:

(1) 交换律:$\boldsymbol{a}+\boldsymbol{b}=\boldsymbol{b}+\boldsymbol{a}$.

(2) 结合律:$(\boldsymbol{a}+\boldsymbol{b})+\boldsymbol{c}=\boldsymbol{a}+(\boldsymbol{b}+\boldsymbol{c})$(如图 1-2-3 所示).

向量的减法 $\boldsymbol{a}-\boldsymbol{b}$ 可看作 $\boldsymbol{a}+(-\boldsymbol{b})$,如图 1-2-4 所示. 于是得 $\boldsymbol{a}$ 与 $\boldsymbol{b}$ 的减法法则:从同一起点作 $\boldsymbol{a}$,$\boldsymbol{b}$ 两向量,以 $\boldsymbol{b}$ 的终点为起点,以 $\boldsymbol{a}$ 的终点为终点的向量即为向量 $\boldsymbol{a}-\boldsymbol{b}$.

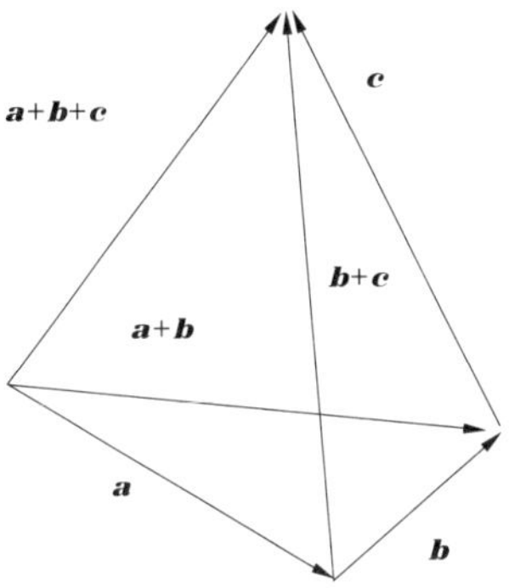

图 1-2-3

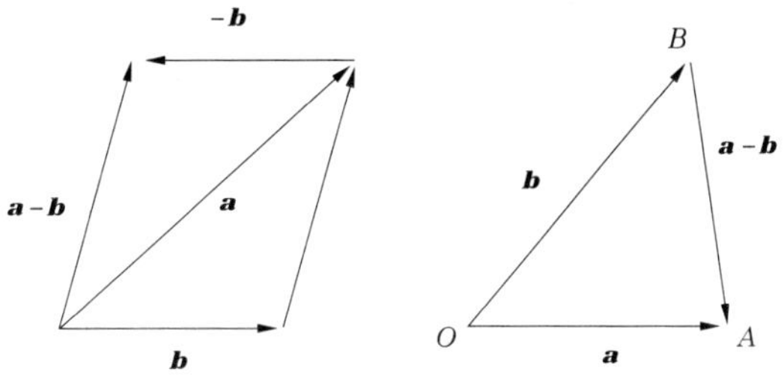

图 1-2-4

1.2.3 数与向量的乘法

向量 $\boldsymbol{a}$ 与数 λ 的乘积(记作 $\lambda\boldsymbol{a}$),仍是一个向量,其模等于 $|\lambda|$ 与 $\boldsymbol{a}$ 的模的乘积,即

$$|\lambda\boldsymbol{a}| = |\lambda||\boldsymbol{a}|$$

它平行于 $\boldsymbol{a}$,即

$$\lambda a // a$$

当 $\lambda>0$ 时,$\lambda\boldsymbol{a}$ 与 $\boldsymbol{a}$ 同向;当 $\lambda<0$ 时,$\lambda\boldsymbol{a}$ 与 $\boldsymbol{a}$ 反向;当 $\lambda=0$ 或 $\boldsymbol{a}=0$ 时,规定 $\lambda\boldsymbol{a}=0$.

数与向量的乘法满足:

(1) 结合律:$\lambda(\mu\boldsymbol{a})=(\lambda\mu)\boldsymbol{a}=\mu(\lambda\boldsymbol{a})$($\lambda,\mu$ 为实数);

(2) 分配律:$(\lambda+\mu)\boldsymbol{a}=\lambda\boldsymbol{a}+\mu\boldsymbol{a}$;$\lambda(\boldsymbol{a}+\boldsymbol{b})=\lambda\boldsymbol{a}+\lambda\boldsymbol{b}$.

设 $\boldsymbol{a}$ 是一个非零向量,与 $\boldsymbol{a}$ 同方向的单位向量记作 $\boldsymbol{a}^{\circ}$,显然,$\boldsymbol{a}=|\boldsymbol{a}|\boldsymbol{a}^{\circ}$,即任何非零向量都可表示为它的模与同向单位向量的乘积. 同时,$\boldsymbol{a}^{\circ}=\dfrac{\boldsymbol{a}}{|\boldsymbol{a}|}$,即向量的单位向量可由该向量数乘它的模的倒数得到.

【例 1-2-1】 证明三角形两边中点连线平行于第三边,且等于第三边的一半.

证明:如图 1-2-5 所示,已知 D、E 分别是 $\triangle ABC$ 的边 AB 和 AC 的中点. 设 $\overrightarrow{AB}=\boldsymbol{a}$,$\overrightarrow{AC}=\boldsymbol{b}$,则 $\overrightarrow{BC}=\boldsymbol{b}-\boldsymbol{a}$.

又 $\overrightarrow{AD}=\dfrac{1}{2}\overrightarrow{AB}=\dfrac{1}{2}\boldsymbol{a}$,$\overrightarrow{AE}=\dfrac{1}{2}\overrightarrow{AC}=\dfrac{1}{2}\boldsymbol{b}$,$\overrightarrow{DE}=\overrightarrow{AE}-\overrightarrow{AD}=\dfrac{1}{2}\boldsymbol{b}-\dfrac{1}{2}\boldsymbol{a}=\dfrac{1}{2}(\boldsymbol{b}-\boldsymbol{a})$.

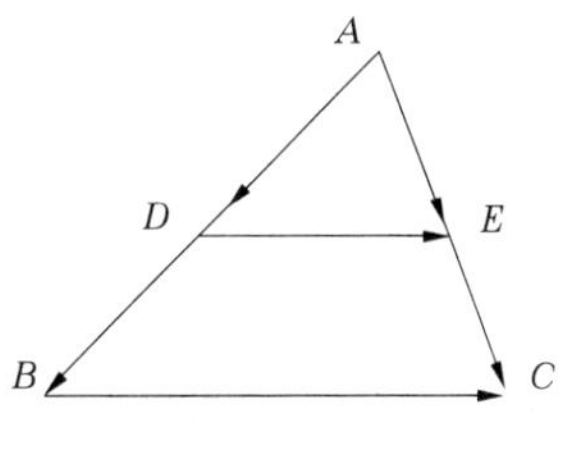

图 1-2-5

所以,$\overrightarrow{DE}=\dfrac{1}{2}\overrightarrow{BC}$,故 $\overrightarrow{DE}//\overrightarrow{BC}$,且 $|\overrightarrow{DE}|=\dfrac{1}{2}|\overrightarrow{BC}|$.

1.2.4 向量的坐标表示

在给定的空间直角坐标系中,沿 x 轴、y 轴和 z 轴的正方向各取一单位向量,并分别记为 $\boldsymbol{i},\boldsymbol{j},\boldsymbol{k}$,称它们为基本单位向量.

设点 $M(x,y,z)$，过点 M 分别作 x 轴、y 轴和 z 轴的垂平面，交 x 轴、y 轴和 z 轴于 A,B,C 三点，如图 1-2-6 所示.

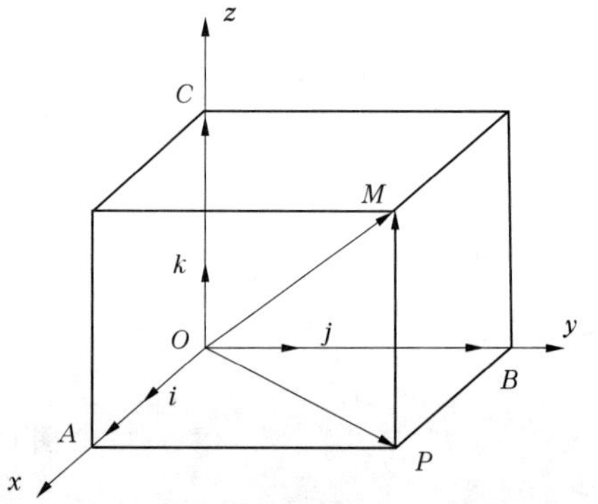

图 1-2-6

显然，$\overrightarrow{OA}=x\boldsymbol{i},\overrightarrow{OB}=y\boldsymbol{j},\overrightarrow{OC}=z\boldsymbol{k}$. 于是

$$\begin{aligned}\overrightarrow{OM}&=\overrightarrow{OP}+\overrightarrow{PM}=\overrightarrow{OA}+\overrightarrow{OB}+\overrightarrow{OC}\\&=x\boldsymbol{i}+y\boldsymbol{j}+z\boldsymbol{k}\end{aligned}\tag{1-2-1}$$

上式表明，任一以原点为起点，点 $M(x,y,z)$ 为终点的向量 $\overrightarrow{OM}$ 都可表示为坐标与所对应基本单位向量乘积之和. 这个表达式叫作向量 $\overrightarrow{OM}$ 的坐标表达式，简记为

$$\overrightarrow{OM}=\{x,y,z\}\tag{1-2-2}$$

利用向量的坐标，可得向量的加法及向量与数相乘的运算法则：设 $\boldsymbol{a}=\{a_x,a_y,a_z\}$，$\boldsymbol{b}=\{b_x,b_y,b_z\}$，则

(1) $\boldsymbol{a}\pm\boldsymbol{b}=\{a_x\pm b_x,a_y\pm b_y,a_z\pm b_z\}$；

(2) $\lambda\boldsymbol{a}=\{\lambda a_x,\lambda a_y,\lambda a_z\},\lambda\in R$.

【例 1-2-2】 已知三点 $A(1,2,4),B(-2,3,1),C(2,5,0)$，分别写出 $\overrightarrow{OA},\overrightarrow{OB},\overrightarrow{OC}$ 的坐标表达式.

解： $\overrightarrow{OA}=\boldsymbol{i}+2\boldsymbol{j}+4\boldsymbol{k}=\{1,2,4\}$；$\overrightarrow{OB}=-2\boldsymbol{i}+3\boldsymbol{j}+\boldsymbol{k}=\{-2,3,1\}$；

$\overrightarrow{OC}=2\boldsymbol{i}+5\boldsymbol{j}=\{2,5,0\}$.

【例 1-2-3】 已知两点 $M_1(x_1,y_1,z_1),M_2(x_2,y_2,z_2)$，求向量 $\overrightarrow{M_1M_2}$ 的坐标表达式.

解： 如图 1-2-7 所示，$\overrightarrow{M_1M_2}=\overrightarrow{OM_2}-\overrightarrow{OM_1}=\{x_2,y_2,z_2\}-\{x_1,y_1,z_1\}=\{x_2-x_1,y_2-y_1,z_2-z_1\}$.

可见空间任意向量 $\overrightarrow{M_1M_2}$ 也可以表示为如下形式

$$\overrightarrow{M_1M_2}=(x_2-x_1)\boldsymbol{i}+(y_2-y_1)\boldsymbol{j}+(z_2-z_1)\boldsymbol{k}$$

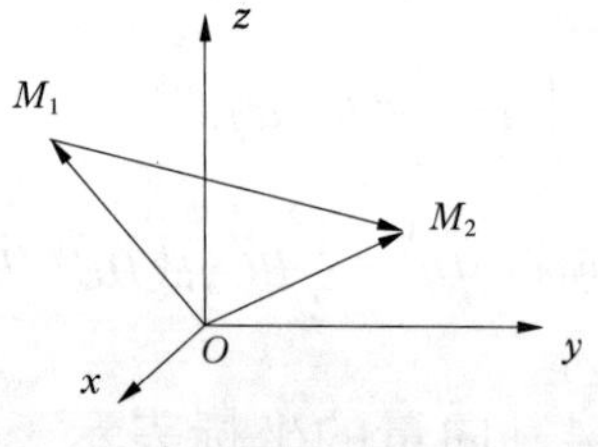

图 1-2-7

【例 1-2-4】 设 $M_1(1,-1,2),M_2(0,1,3),M_3(3,0,-2)$ 为空间三点，求：

(1) $3\overrightarrow{M_1M_2}+2\overrightarrow{M_2M_3}$；(2) $\overrightarrow{M_3M_1}-4\overrightarrow{M_2M_3}$.

解： $3\overrightarrow{M_1M_2}+2\overrightarrow{M_2M_3}=\{-3,6,3\}+\{6,-2,-10\}$

$=\{3,4,-7\}$

$\overrightarrow{M_3M_1}-4\overrightarrow{M_2M_3}=\{-2,-1,4\}-\{12,-4,-20\}$

$=\{-14,3,24\}$

【例1-2-5】 设向量 $\boldsymbol{a}=\{a_x,a_y,a_z\}$，$\boldsymbol{b}=\{b_x,b_y,b_z\}$，且 b_x,b_y,b_z 不等于零，证明如果向量 $\boldsymbol{a}/\!/\boldsymbol{b}$，则 $\dfrac{a_x}{b_x}=\dfrac{a_y}{b_y}=\dfrac{a_z}{b_z}$；反之，结论也成立.

证明：由 $\boldsymbol{a}/\!/\boldsymbol{b}$，得 $\boldsymbol{a}=\lambda\boldsymbol{b}$，即 $\{a_x,a_y,a_z\}=\lambda\{b_x,b_y,b_z\}$，从而有：

$a_x=\lambda b_x,a_y=\lambda b_y,a_z=\lambda b_z$，于是得到 $\dfrac{a_x}{b_x}=\dfrac{a_y}{b_y}=\dfrac{a_z}{b_z}$.

反之，令 $\dfrac{a_x}{b_x}=\dfrac{a_y}{b_y}=\dfrac{a_z}{b_z}=\lambda$，则 $a_x=\lambda b_x,a_y=\lambda b_y,a_z=\lambda b_z$，所以

$$\{a_x,a_y,a_z\}=\{\lambda b_x,\lambda b_y,\lambda b_z\}=\lambda\{b_x,b_y,b_z\}$$

即 $\boldsymbol{a}=\lambda\boldsymbol{b}$，于是 $\boldsymbol{a}/\!/\boldsymbol{b}$.

1.2.5 向量的模与方向余弦

向量的模可以用向量的坐标表示，设向量 $\boldsymbol{a}=\{a_x,a_y,a_z\}$，它是以原点为起点、$M(a_x,a_y,a_z)$ 为终点的向量，由两点间距离公式，得

$$|\boldsymbol{a}|=|\overrightarrow{OM}|=\sqrt{a_x^2+a_y^2+a_z^2} \tag{1-2-3}$$

$$\boldsymbol{a}^{\circ}=\frac{\boldsymbol{a}}{|\boldsymbol{a}|}=\frac{a_x}{\sqrt{a_x^2+a_y^2+a_z^2}},\frac{a_y}{\sqrt{a_x^2+a_y^2+a_z^2}},\frac{a_z}{\sqrt{a_x^2+a_y^2+a_z^2}} \tag{1-2-4}$$

设向量 $\boldsymbol{a}$ 与 x 轴、y 轴和 z 轴的正向间的夹角依次为 α、β、γ（规定 $0\leqslant\alpha\leqslant\pi,0\leqslant\beta\leqslant\pi,0\leqslant\gamma\leqslant\pi$），称为向量 $\boldsymbol{a}$ 的方向角，它们的余弦 $\cos\alpha,\cos\beta,\cos\gamma$ 称为向量 $\boldsymbol{a}$ 的方向余弦.

一个向量当它的三个方向角确定时，则其方向也就确定了，当 $|\boldsymbol{a}|\neq0$ 时

$$\cos\alpha=\frac{a_x}{|\boldsymbol{a}|}=\frac{a_x}{\sqrt{a_x^2+a_y^2+a_z^2}} \tag{1-2-5}$$

$$\cos\beta=\frac{a_y}{|\boldsymbol{a}|}=\frac{a_y}{\sqrt{a_x^2+a_y^2+a_z^2}} \tag{1-2-6}$$

$$\cos\gamma=\frac{a_z}{|\boldsymbol{a}|}=\frac{a_z}{\sqrt{a_x^2+a_y^2+a_z^2}} \tag{1-2-7}$$

不难证明 $\cos^2\alpha+\cos^2\beta+\cos^2\gamma=1$；$\boldsymbol{a}^{\circ}=\{\cos\alpha,\cos\beta,\cos\gamma\}$.

【例1-2-6】 已知 $\boldsymbol{a}=\{2,-2\sqrt{2},-2\}$，求 $\boldsymbol{a}$ 的模、方向余弦及方向角.

解：$|\boldsymbol{a}|=\sqrt{2^2+(-2\sqrt{2})^2+(-2)^2}=\sqrt{16}=4$

$\cos\alpha=\dfrac{2}{4}=\dfrac{1}{2},\cos\beta=\dfrac{-2\sqrt{2}}{4}=-\dfrac{\sqrt{2}}{2},\cos\gamma=\dfrac{-2}{4}=-\dfrac{1}{2}$

于是在方向角的规定范围内得到：$\alpha=60°,\beta=135°,\gamma=120°$.

习题 1-2

1. 设正六边形 $ABCDEF$，其中心为 O，则向量 $\overrightarrow{OA},\overrightarrow{OB},\overrightarrow{OC},\overrightarrow{OD},\overrightarrow{OE},\overrightarrow{OF},\overrightarrow{AB},\overrightarrow{BC},\overrightarrow{CD},\overrightarrow{DE}$,

$\overrightarrow{EF}$和$\overrightarrow{FA}$中哪些向量相等,哪些向量互为负向量?

2. 在△ABC 中,M 是 BC 的中点,N 是 CA 的中点,P 是 AB 的中点,试用 $\boldsymbol{a}=\overrightarrow{BC}$,$\boldsymbol{b}=\overrightarrow{CA}$,$\boldsymbol{c}=\overrightarrow{AB}$表示向量$\overrightarrow{AM}$,$\overrightarrow{BN}$和$\overrightarrow{CP}$.

3. 设 $\boldsymbol{a}=2\boldsymbol{i}+3\boldsymbol{j}-\boldsymbol{k}$,$\boldsymbol{b}=4\boldsymbol{i}-\boldsymbol{j}+3\boldsymbol{k}$,$\boldsymbol{c}=3\boldsymbol{i}+\boldsymbol{j}+\boldsymbol{k}$,求 $\boldsymbol{a}+\boldsymbol{b}-2\boldsymbol{c}$.

4. 已知向量 $\boldsymbol{a}=\{3,-1,2\}$,$\boldsymbol{b}=\{2,0,3\}$,$\boldsymbol{c}=\{4,2,-1\}$,求:(1)$3\boldsymbol{a}+2\boldsymbol{b}-3\boldsymbol{c}$;(2)$m\boldsymbol{a}+n\boldsymbol{b}-\boldsymbol{c}$.

5. 求向量 $\boldsymbol{a}=\{1,\sqrt{2},-1\}$的方向余弦及方向角.

1.3 空间坐标系

1.3.1 空间直角坐标系

在平面直角坐标系中,任一点都可以用一对有序实数来表示. 空间任意一点位置的确定,需要建立空间直角坐标系. 过空间一定点 O,作三条互相垂直的数轴,它们都以 O 为原点,且有相同的长度单位. 这三条数轴分别称为 x 轴(横轴)、y 轴(纵轴)、z 轴(竖轴),统称为坐标轴. 通常把 x 轴和 y 轴配置在水平面上,z 轴则是铅垂线;坐标轴的正向通常按右手螺旋法则来判断,即右手四指并拢,大拇指与四指的方向垂直,四指从指向 x 轴的正方向旋转$\frac{\pi}{2}$指向 y 轴的正方向,此时,拇指的指向就是 z 轴的正方向(见图 1-3-1). 这样就建立了一个空间直角坐标系,其中点 O 称为坐标原点.

空间直角坐标系中的任意两条坐标轴都可以确定一个平面,该平面被称为坐标平面. 其中,由 x 轴和 y 轴所确定的平面称为 xOy 平面;由 y 轴和 z 轴所确定的平面称为 yOz 平面;由 x 轴和 z 轴所确定的平面称为 xOz 平面. 三个坐标平面把整个空间分成 8 个部分,每个部分称为卦限,含有三个坐标轴正半轴的那个卦限叫做第Ⅰ卦限,其他为第Ⅱ、Ⅲ、Ⅳ卦限,它们均在 xOy 坐标面的上方,按逆时针方向确定. 第Ⅴ、Ⅵ、Ⅶ、Ⅷ卦限分别在第Ⅰ到第Ⅳ卦限的下方,均在 xOy 坐标面的下方(见图 1-3-2). 坐标平面不属于任何卦限.

取定了空间直角坐标系后,就可以建立起空间的点与有序实数组(x,y,z)之间的对应关系. 设 M 为空间中任一点,过点 M 分别作垂直于 x 轴、y 轴、z 轴的平面,它们与三个坐标轴的交点 P、Q、R 对应的三个实数依次为 x,y,z(见图 1-3-3),于是点 M 唯一地确定了一有序实数组(x,y,z). 反之,如果给定了一有序实数组(x,y,z),则可以依次在 x 轴、y 轴、z 轴上取与 x,y,z 相应的点 P,Q,R,然后过点 P,Q,R 分别作垂直于 x 轴、y 轴、z 轴的三个平面,这三个平面交于空间一点 M. 因此,有序实数组(x,y,z)与空间的点 M 一一对应,并依次称 x,y,z 为点 M 的横坐标、纵坐标和竖坐标. 坐标为(x,y,z)的点 M,记为 $M(x,y,z)$.

显然,原点的坐标为 $O(0,0,0)$;x 轴、y 轴和 z 轴上的点的坐标分别为$(x,0,0)$,$(0,y,0)$,$(0,0,z)$;xOy,yOz,xOz 三个坐标平面上的点的坐标分别为$(x,y,0)$,$(0,y,z)$,$(x,0,z)$.

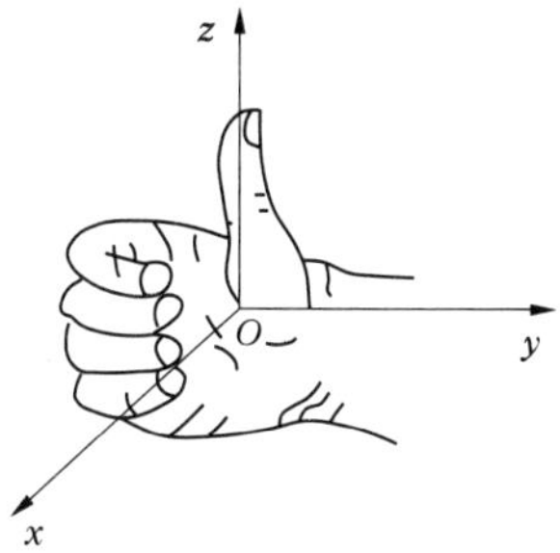

图 1-3-1

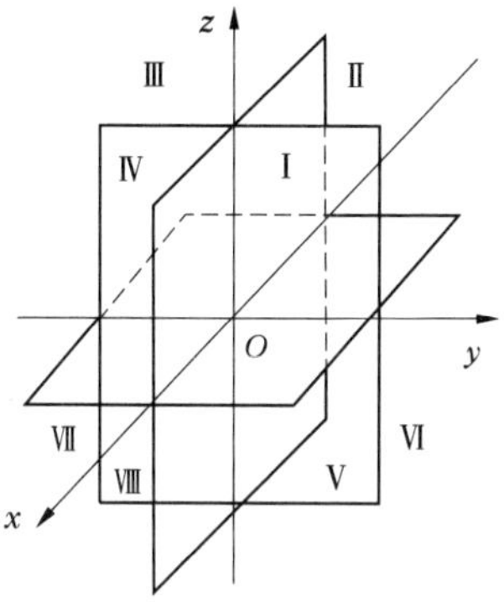

图 1-3-2

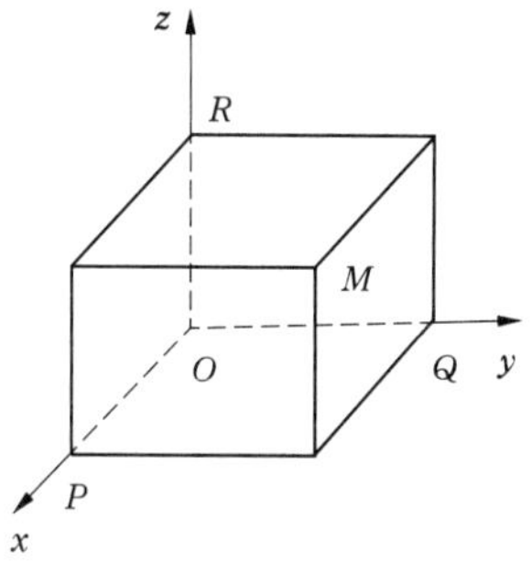

图 1-3-3

1.3.2　空间两点间的距离

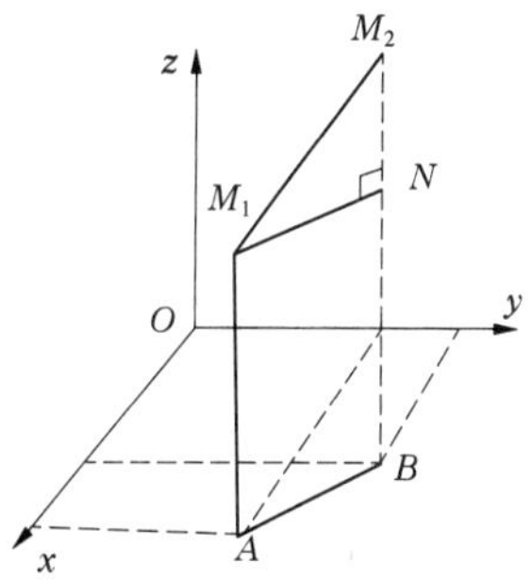

图 1-3-4

已知空间两点 $M_1(x_1,y_1,z_1)$ 和 $M_2(x_2,y_2,z_2)$，设这两点间的距离为 d. 假设线段 $\overline{M_1M_2}$ 在 xOy 坐标面上的投影是 $\overline{AB}$. 如图 1-3-4 所示，过 M_1 点在平面 M_1M_2BA 内作 $M_1N//AB$，得直角三角形 M_1NM_2. 由勾股定理，有 $|M_1M_2|^2 = |M_1N|^2 + |NM_2|^2$.

由图 1-3-4 所示关系可得

$$|M_1N|^2 = |AB|^2 = (x_2-x_1)^2 + (y_2-y_1)^2 \text{ 及 }$$
$$|NM_2|^2 = (z_2-z_1)^2$$

即　$$|M_1M_2|^2 = (x_2-x_1)^2 + (y_2-y_1)^2 + (z_2-z_1)^2$$

所以

$$d = \sqrt{(x_2-x_1)^2 + (y_2-y_1)^2 + (z_2-z_1)^2} \tag{1-3-1}$$

式(1-3-1)即为空间两点间的距离公式.

特别地，点 $M(x,y,z)$ 到原点 $O(0,0,0)$ 的距离为 $|OM| = \sqrt{x^2+y^2+z^2}$.

【例 1-3-1】　在 z 轴上求与两点 $A(-1,2,3)$ 和 $B(2,6,-2)$ 等距离的点 P.

解：由于所求的点 P 在 z 轴上，故可设该点的坐标为 $(0,0,z)$.

依题意有 $|PA| = |PB|$. 由两点间距离公式，得

$$\sqrt{(0+1)^2 + (0-2)^2 + (z-3)^2} = \sqrt{(0-2)^2 + (0-6)^2 + (z+2)^2}$$

解得　$z=-3$. 即所求的点为 $P(0,0,-3)$.

【例 1-3-2】　求证以 $A(4,3,1)$，$B(7,1,2)$，$C(5,2,3)$ 这三个点为顶点的三角形是一个等腰三角形.

解：因为　$|AB|^2 = (7-4)^2 + (1-3)^2 + (2-1)^2 = 14$

$|BC|^2 = (5-7)^2 + (2-1)^2 + (3-2)^2 = 6$

$|AC|^2 = (5-4)^2 + (2-3)^2 + (3-1)^2 = 6$

所以$|BC| = |AC|$,即$\triangle ABC$为等腰三角形.

1.3.3　球面坐标系

1.3.3.1　球面方程

一动点到一定点的距离保持常数,此动点的轨迹为**球面**,定点叫做**球心**,常数叫做球的**半径**.

设球心在点$C(a,b,c)$,半径为r,在球面上任取一点$M(x,y,z)$,有

$$|MC| = r$$

即

$$\sqrt{(x-a)^2+(y-b)^2+(z-c)^2}=r$$

两边平方,得

$$(x-a)^2+(y-b)^2+(z-c)^2=r^2 \tag{1-3-2}$$

此方程即为所求球面方程,其图形如图 1-3-5 所示.

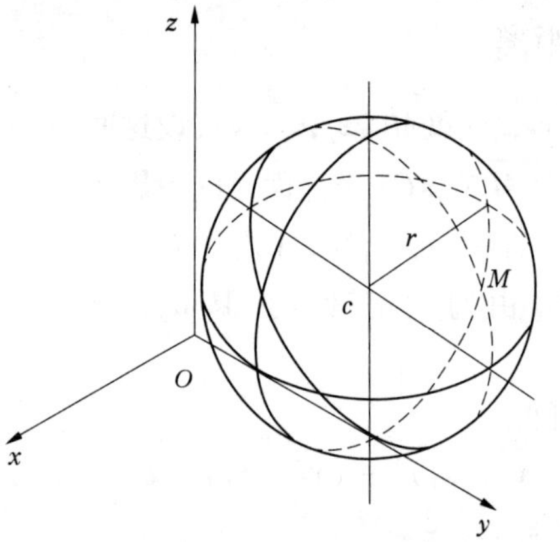

图 1-3-5　球面

当式(1-3-2)中$a=b=c=0$时,即球心在原点,半径仍为r,则式(1-3-2)化为

$$x^2+y^2+z^2=r^2$$

将式(1-3-2)展开,整理得

$$x^2+y^2+z^2-2ax-2by-2cz+(a^2+b^2+c^2-r^2)=0$$

将$D=-2a$,$E=-2b$,$F=-2c$,$G=a^2+b^2+c^2-r^2$代入上式,得

$$x^2+y^2+z^2+Dx+Ey+Fz+G=0 \tag{1-3-3}$$

此方程为球面的一般方程. 它具有以下性质:①x^2、y^2、z^2各项系数相等;②x、y、z交叉各项乘积系数为零. 一般地,在空间直角坐标系下,三元方程$F(x,y,z)=0$为一球面的方程的充要条件是该方程同解于一个平方项系数相等,交叉乘积项消失的三元二次方程(证明从略).

1.3.3.2　球面坐标系

如图 1-3-6 所示,空间中任意点$M(x,y,z)$与向量$\overrightarrow{OM}$一一对应,而$\overrightarrow{OM}$由其长度和方向唯一确定. 为确定$\overrightarrow{OM}$的方向,我们用θ表示$\overrightarrow{OM}$在oxy面上的投影与x轴正向的夹角,记φ为$\overrightarrow{OM}$与z轴正向的夹角,设$r=|\overrightarrow{OM}|$,则当$M(x,y,z)$确定时,数组(r,θ,φ)唯一确定,故(r,θ,φ)与M一一对应. 与空间直角坐标系$Oxyz$类似,我们称有序数组(r,θ,φ)为M的球面坐

标，称 $Or\theta\varphi$ 为球面坐标系.

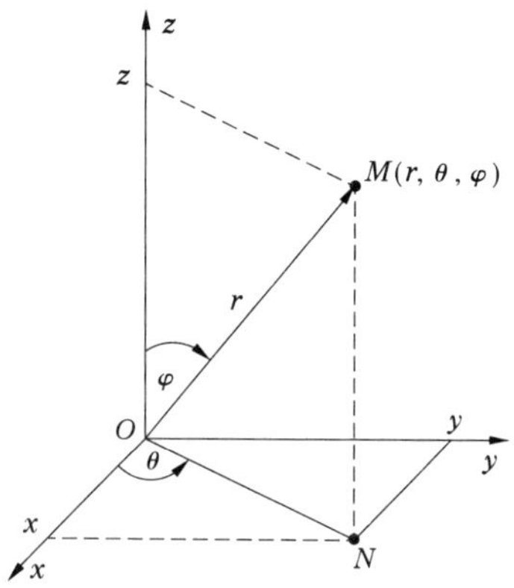

图 1-3-6　空间直角坐标系与球面坐标系

在球面坐标系中，我们规定：$0\leqslant r<+\infty$，$0\leqslant\theta<2\pi$，$0\leqslant\varphi<\pi$.

1.3.4　空间直角坐标与球面坐标间的转换

设空间点 M 的直角坐标和球面坐标分别为 (x,y,z)、(r,θ,φ)，则由图 1-3-6 可知

$$\begin{cases} x = ON\cos\theta = r\sin\varphi\cos\theta \\ y = ON\sin\theta = r\sin\varphi\sin\theta \\ z = r\cos\varphi \end{cases} \tag{1-3-4}$$

已知 M 的球面坐标可由式(1-3-4)求其直角坐标，反之则可通过

$$\begin{cases} r = \sqrt{x^2+y^2+z^2} \\ \cos\varphi = \dfrac{z}{\sqrt{x^2+y^2+z^2}} \\ \cos\theta = \dfrac{x}{\sqrt{x^2+y^2}}, \sin\theta = \dfrac{y}{\sqrt{x^2+y^2}} \end{cases} \tag{1-3-5}$$

求得 M 的球面坐标.

【例 1-3-3】　求空间曲面 α 的参数方程

$$\begin{cases} x = a\sin\varphi\cos\theta \\ y = b\sin\varphi\sin\theta \quad (其中 0\leqslant\varphi<\pi, 0\leqslant\theta<2\pi) \\ z = c\cos\varphi \end{cases} \tag{1-3-6}$$

的一般方程.

解：$\because \dfrac{x}{a}=\sin\varphi\cos\theta, \dfrac{y}{b}=\sin\varphi\sin\theta, \dfrac{z}{c}=\cos\varphi$

$\therefore \dfrac{x^2}{a^2}+\dfrac{y^2}{b^2}+\dfrac{z^2}{c^2}=\sin^2\varphi\cos^2\theta+\sin^2\varphi\sin^2\theta+\cos^2\varphi=1$

即得式(1-3-6)的一般方程为

$$\frac{x^2}{a^2}+\frac{y^2}{b^2}+\frac{z^2}{c^2}=1 \tag{1-3-7}$$

显然,空间曲面 α 是一个"椭球面",式(1-3-6)为其球面坐标系下的方程,式(1-3-7)为其直角坐标系下的方程.

习题 1-3

1. 说明以下各点位置的特殊性.

(1)$A(2,0,0)$；　(2)$B(0,2,5)$；　(3)$C(0,0,1)$；　(4)$D(-3,0,2)$.

2. 在空间直角坐标系内做出下列各点,并说明它们各在第几卦限.

(1)$A(1,4,-2)$；　(2)$B(7,0,0)$；　(3)$C(0,-3,0)$；

(4)$D(-3,2,-5)$；(5)$E(2,-1,2)$.

3. 求点 $A(4,-3,5)$ 到坐标原点以及各坐标轴间的距离.

4. 已知空间点 M 的直角坐标为$(-\sqrt{3},1,2\sqrt{3})$,试求其球面坐标(r,θ,φ).

5. 设空间点 N 的球面坐标为$\left(2,\dfrac{3\pi}{4},\dfrac{3\pi}{4}\right)$,求它的直角坐标.

1.4　专业应用案例

1.4.1　地面点在平面坐标系中的表示

1.4.1.1　测量平面直角坐标系介绍

平面直角坐标系是测绘工作者在小区域内进行测量工作的参照系,地面上所有的地物和地貌特征点的坐标都是采用平面直角坐标系来描述的.不过由于历史的原因,测量工作中采用的平面直角坐标以 X 轴为纵轴(正向为正北方向),用来表示南北方向;以 Y 轴为横轴(正向为正东方向),用来表示东西方向.在测量工作中,坐标方位角是以正北方向(X 轴正向)为基准按顺时针方向定义的,象限的定义也是自 X 轴正向按顺时针定义的,如图 1-4-1(a)所示.

测量平面坐标系与数学平面直角坐标系坐标轴的指向、方位角的定义等都不相同.图 1-4-1(b)就是数学平面直角坐标系.表面上看,两坐标系的坐标轴和方位角不相同,但如果站在数学平面直角坐标系后面来看,其实两坐标系的定义是完全一致的,所以数学中的所有公式在测量平面坐标系中无须作任何改变都能直接应用.

需要注意的是,在小范围的测量工作中,一般建立独立的坐标系时,为使测区内所有各点的纵、横坐标值均为正值(因为负值坐标表达和计算都不方便),坐标原点大都设定在测区的西南角,使测区全部落在第Ⅰ象限内,这样就不会出现负坐标值了.

1.4.1.2　平面坐标计算公式

1. 坐标正算公式

已知两点边长和方位角,由已知点计算待定点的坐标,称为坐标正算.如图 1-4-2 所示,A 为已知点,其坐标为(x_A,y_A),A 点到待定点 B 的边长为 D_{AB}(平距),方位角为 α_{AB}.则由图 1-4-2可知,点 B 坐标为

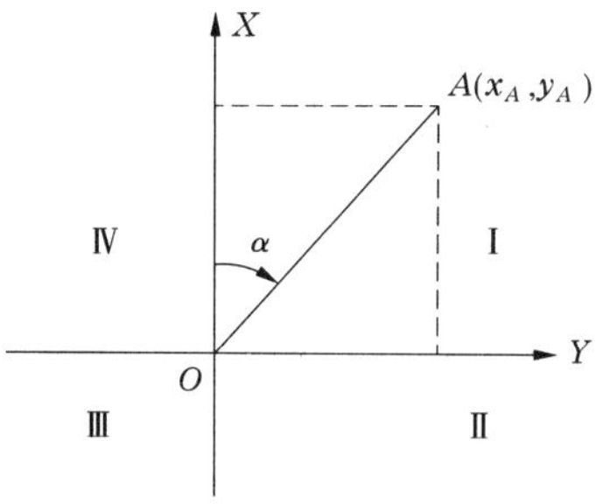

(a)测量平面直角坐标系

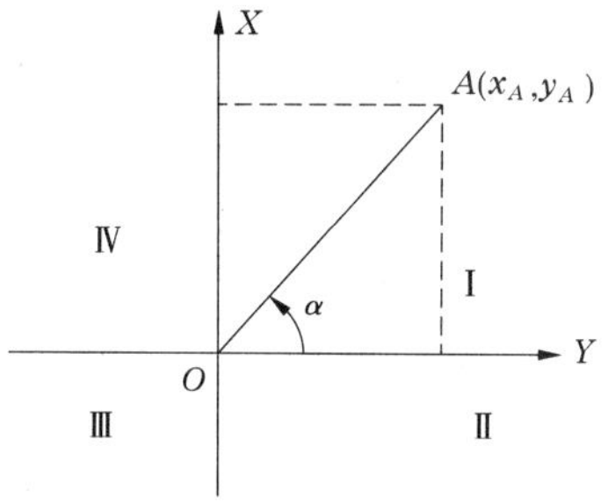

(b)数学平面直角坐标系

图1-4-1　平面直角坐标系

$$\left.\begin{aligned} x_B &= x_A + \Delta x_{AB} = x_A + D_{AB}\cos\alpha_{AB} \\ y_B &= y_A + \Delta y_{AB} = y_A + D_{AB}\sin\alpha_{AB} \end{aligned}\right\} \tag{1-4-1}$$

式中，Δx_{AB}和Δy_{AB}称为点A到点B的纵横坐标增量，公式为

$$\left.\begin{aligned} \Delta x_{AB} &= x_B - x_A = D_{AB}\cos\alpha_{AB} \\ \Delta y_{AB} &= y_B - y_A = D_{AB}\sin\alpha_{AB} \end{aligned}\right\} \tag{1-4-2}$$

2. 坐标反算公式

已知两点A、B的坐标，反求边长D_{AB}和方位角α_{AB}，称为坐标反算. 由图1-4-2，并根据式(1-4-2)，反算公式为

$$\left.\begin{aligned} D_{AB} &= \sqrt{(x_B - x_A)^2 + (y_B - y_A)^2} = \sqrt{\Delta x_{AB}^2 + \Delta y_{AB}^2} \\ \alpha_{AB} &= \arctan\frac{y_B - y_A}{x_B - x_A} = \arctan\frac{\Delta y_{AB}}{\Delta x_{AB}} \end{aligned}\right\} \tag{1-4-3}$$

1.4.1.3　坐标计算案例

【例1-4-1】　某地方采用全站仪支导线方式测量支点1的坐标，如图1-4-3所示. 在已知点B上架设全站仪后视已知点A，观测了B点水平角，B点到1点的水平距离，已知坐标、观测角度和距离见图1-4-3. 试求支点1点的平面坐标.

解：1. 计算起始边AB的坐标方位角

根据已知控制点A、B的坐标，由式(1-4-3)反算起始边AB的坐标方位角α_{AB}.

因为：$\Delta x_{AB} = x_B - x_A = 1\,516.57 - 1\,921.36 = -404.79$

$\Delta y_{AB} = y_B - y_A = 4\,407.83 - 4\,368.54 = 39.29$

由于$\Delta x_{AB} < 0$，$\Delta y_{AB} > 0$，方位角位于第Ⅱ象限. 于是由式(1-4-3)，得

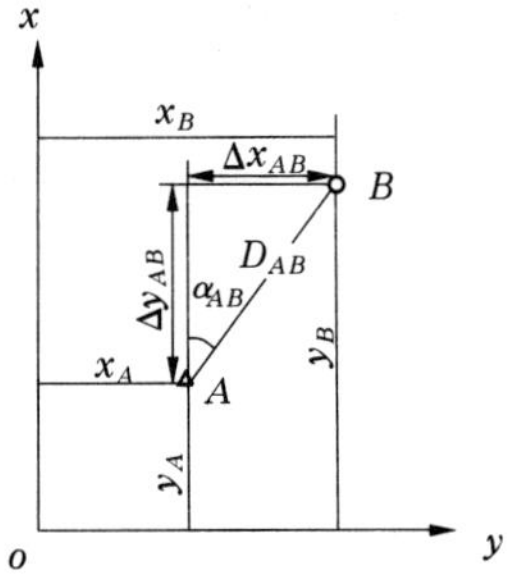

图 1-4-2 坐标正、反算

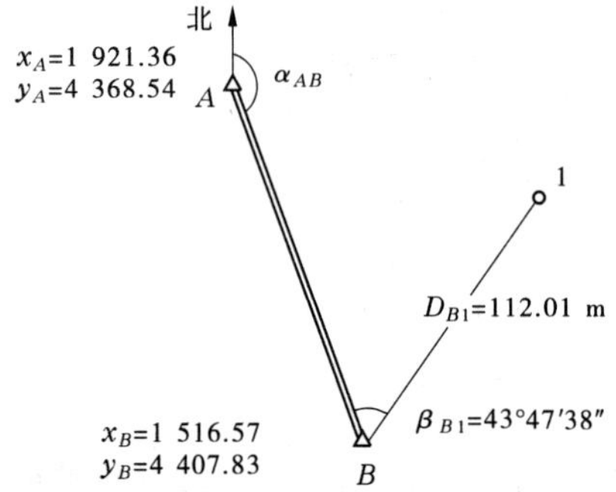

图 1-4-3 支导线计算示意图

$$\alpha_{AB} = \arctan \frac{\Delta y_{AB}}{\Delta x_{AB}} = 174°27'22''$$

2. 计算测距边 $B1$ 的坐标方位角

根据起始边的已知坐标方位角,测距边 $B1$ 的坐标方位角为

$$\alpha_{B1} = \alpha_{AB} + \beta_B - 180° = 174°27'22'' + 43°47'38'' - 180° = 38°15'00''$$

3. 坐标增量计算

由式(1-4-2),得

$$\Delta x_{B1} = D_{B1}\cos\alpha_{B1} = 112.01 \times \cos 38°15'00'' = 87.96(\mathrm{m})$$

$$\Delta y_{B1} = D_{B1}\sin\alpha_{B1} = 112.01 \times \sin 38°15'00'' = 69.34(\mathrm{m})$$

4. 计算 1 点平面坐标

根据起算点 B 的坐标,按式(1-4-1)推算支点 1 的坐标

$$x_1 = x_B + \Delta x_{B1} = 1\,516.57 + 87.96 = 1\,604.53(\mathrm{m})$$

$$y_1 = y_B + \Delta y_{B1} = 4\,407.83 + 69.34 = 4\,477.17(\mathrm{m})$$

1.4.2 地面点在地球坐标系中的表示

1.4.2.1 2000 国家大地坐标系

2000 国家大地坐标系是我国当前最新的国家大地坐标系,英文名称为 China Geodetic Coordinate System 2000,英文缩写为 CGCS2000. 2000 国家大地坐标系是全球地心坐标系在我国的具体体现,其原点为包括海洋和大气的整个地球的质量中心,Z 轴指向 BIH1984.0 定义的协议极地方向(BIH 国际时间局),X 轴指向 BIH1984.0 定义的零子午面与协议赤道的交点,Y 轴按右手坐标系确定. 2000 国家大地坐标系是地球三维空间直角坐标系,所采用的地球椭球参数如下

长半轴	$a = 6\,378\,137$ m
扁率	$f = 1/298.257\,222\,101$
地心引力常数	$GM = 3.986\,004\,418 \times 10^{14}\,\mathrm{m^3/s^2}$
自转角速度	$\omega = 7.292\,115 \times 10^{-5}\,\mathrm{rad/s}$

例如,湖北石首地面上某站点三维空间直角坐标表示为

$X = -2\ 112\ 793.729\ 3, Y = 5\ 125\ 187.235\ 6, Z = 3\ 143\ 760.695\ 4$

1.4.2.2　大地坐标系

由于各种不同的应用目的，地面上点的位置有时候采用大地坐标系来表示，例如：北京某地一点的大地坐标为东经 $L = 116°28'$，北纬 $B = 39°54'$.

大地坐标是这样定义的，如图 1-4-4 所示.

地球椭球的中心与地球的质心重合，椭球的短半轴与地球的自转轴重合，大地纬度 B 为过地面点的椭球法线与椭球赤道面的夹角，大地经度 L 为过地面点的椭球子午面与格林尼治平子午面之间的夹角，大地高 H 为地面点沿法线至椭球面的距离.

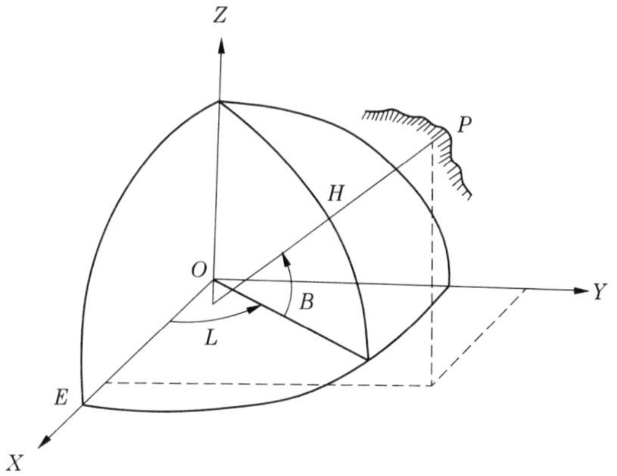

图 1-4-4　空间直角坐标与大地坐标

1.4.2.3　空间直角坐标与大地坐标之间关系

根据空间直角坐标系和大地坐标系的定义，设地面上一点 P，则该点在空间直角坐标系中的坐标为 (X, Y, Z)，在大地坐标系中的坐标为 (L, B, H)，它们之间的换算关系如下

$$\left.\begin{aligned} X &= (N + H)\cos B\cos L \\ Y &= (N + H)\cos B\sin L \\ Z &= [N(1 - e^2) + H]\sin B \end{aligned}\right\} \qquad (1\text{-}4\text{-}4)$$

式中，N 为椭球的卯酉圈曲率半径，$N = \dfrac{a}{\sqrt{1 - e^2\sin^2 B}}$；$e$ 为椭球第一偏心率，$e = \sqrt{2f - f^2}$.

当由空间直角坐标系转换大地坐标系时，通常按下式计算

$$\left.\begin{aligned} B &= \arctan\left[\tan\varphi\left(1 + \frac{Ne^2\sin B}{Z}\right)\right] \\ L &= \arctan\frac{Y}{X} \\ H &= \frac{Z}{\tan\varphi\cos B} - N \end{aligned}\right\} \qquad (1\text{-}4\text{-}5)$$

式中，$\varphi = \arctan\dfrac{Z}{\sqrt{X^2 + Y^2}}$. 计算大地纬度 B 时，第一次取 φ 值，然后按式(1-4-5)中的第一式进行循环迭代计算，直到相邻两次纬度较差小于 0.000 1 s 即可，一般迭代 4 次就能满足要求.

1.4.2.4　空间直角坐标与大地坐标转换案例

【例 1-4-2】　已知某地三点空间直角坐标如表 1-4-1 所示，试根据 2000 国家大地坐标系椭球参数计算该三点的大地坐标.

表 1-4-1

点号	X－2000	Y－2000	Z－2000
1	－2 118 793.585 5	5 122 194.542 2	3 144 529.599 1
2	－2 123 451.905 5	5 118 164.175 6	3 147 925.453 7
3	－2 112 793.729 3	5 125 187.235 6	3 143 760.695 4

解:1. 计算 $\tan\varphi,\varphi,e$

$$\tan\varphi = 0.567\ 285\ 287\ 962\ 76$$

$$\varphi = \arctan\frac{Z}{\sqrt{X^2+Y^2}} = 29.335\ 617\ 572(\mathrm{d.mmss})$$

$$e^2 = 2f - f^2 = 0.006\ 694\ 380\ 022\ 90$$

2. 计算大地纬度

将 $B_0=\varphi=29.335\ 617\ 572$ 作为初值,计算 N 和第一次近似值 B_0

$$N = \frac{a}{\sqrt{1-e^2\sin^2B_0}} = 6\ 383\ 341.016\ 1$$

$$B_1 = \arctan\left[\tan\varphi\left(1+\frac{Ne^2\sin B_0}{Z}\right)\right] = 29.434\ 878\ 23$$

计算 N 和第二次近似值 B_2

$$N = \frac{a}{\sqrt{1-e^2\sin^2B_1}} = 6\ 383\ 393.883\ 5$$

$$B_2 = \arctan\left[\tan\varphi\left(1+\frac{Ne^2\sin B_1}{Z}\right)\right] = 29.435\ 178\ 112$$

计算 N 和第三次近似值 B_3

$$N = \frac{a}{\sqrt{1-e^2\sin^2B_2}} = 6\ 383\ 394.151\ 5$$

$$B_3 = \arctan\left[\tan\varphi\left(1+\frac{Ne^2\sin B_2}{Z}\right)\right] = 29.435\ 179\ 628$$

计算 N 和第四次近似值 B_4

$$N = \frac{a}{\sqrt{1-e^2\sin^2B_3}} = 6\ 383\ 394.152\ 9$$

$$B_4 = \arctan\left[\tan\varphi\left(1+\frac{Ne^2\sin B_3}{Z}\right)\right] = 29.435\ 179\ 636$$

与上一次 B_3 较差小于 0.000 1″,停止计算.

3. 计算大地经度和大地高

$$L = \arctan\frac{Y}{X} = -67.313\ 931\ 464 + 180 = 112.282\ 068\ 536$$

$$H = \frac{Z}{\tan\varphi\cos B} - N = 18.688$$

其他两点大地坐标计算结果如表 1-4-2 所示。

表1-4-2

点号	$B-2000$	$L-2000$	$H-2000$
1	29.435 179 636N	112.282 068 536E	18.688 0
2	29.455 882 123N	112.315 826 511E	18.814 2
3	29.432 244 399N	112.241 183 332E	50.855 8

复习题一

一、选择题.

1. 在极坐标系中,与(ρ,θ)关于极轴对称的点是(　　).

A. (ρ,θ)　　B. $(\rho,-\theta)$　　C. $(\rho,\theta+\pi)$　　D. $(\rho,\pi-\theta)$

2. 已知$M\left(5,\frac{\pi}{3}\right)$,下列所给出的能表示该点的坐标的是(　　).

A. $\left(5,-\frac{\pi}{3}\right)$　　B. $\left(5,\frac{4\pi}{3}\right)$　　C. $\left(5,-\frac{2\pi}{3}\right)$　　D. $\left(5,-\frac{5\pi}{3}\right)$

3. 设点$M(x,y,z)$在第七卦限,则正确的结论是(　　).

A. $x<0,y>0,z<0$　　B. $x<0,y<0,z<0$

C. $x>0,y<0,z<0$　　D. $x>0,y>0,z<0$

4. 若向量$\boldsymbol{a}=-\boldsymbol{i}+2\boldsymbol{j}-3\boldsymbol{k},\boldsymbol{b}=2\boldsymbol{i}-\boldsymbol{j}+\boldsymbol{k}$,则$\boldsymbol{a}-\boldsymbol{b}=$(　　).

A. $\boldsymbol{i}+\boldsymbol{j}+2\boldsymbol{k}$　　B. $-3\boldsymbol{i}+3\boldsymbol{j}-4\boldsymbol{k}$

C. $3\boldsymbol{i}-5\boldsymbol{j}+4\boldsymbol{k}$　　D. $-\boldsymbol{i}-3\boldsymbol{j}-3\boldsymbol{k}$

5. 向量(　　)是单位向量.

A. $\{1,1,1\}$　　B. $-3\boldsymbol{i}+3\boldsymbol{j}-4\boldsymbol{k}$

C. $\left\{\frac{\sqrt{2}}{2},\frac{1}{2},\frac{1}{2}\right\}$　　D. $\{-1,0,1\}$

6. 已知两点$A(-3,2,3)$,$B(3,-3,2)$,O为坐标原点,则$\cos<\overrightarrow{OA},\overrightarrow{OB}\geq$(　　).

A. $-\frac{9}{22}$　　B. $\frac{9}{22}$　　C. $\frac{2}{11}$　　D. $-\frac{2}{11}$

7. 设M点的直角坐标为$(-1,-1,\sqrt{2})$,则它的球面坐标是(　　).

A. $\left(2,\frac{\pi}{4},\frac{\pi}{4}\right)$　　B. $\left(2,\frac{\pi}{4},\frac{5\pi}{4}\right)$

C. $\left(2,\frac{5\pi}{4},\frac{\pi}{4}\right)$　　D. $\left(2,\frac{3\pi}{4},\frac{\pi}{4}\right)$

二、填空题.

1. 已知$A(0,1,2)$,$B(-1,2,-2)$,则A,B两点的距离$|AB|=$__________.

2. 点$P_0(2,-1,3)$关于xOy平面的对称点是__________,关于y轴的对称点是__________.

3. 已知向量$\boldsymbol{a}=\{3,1,1\}$,$\boldsymbol{b}=\{3,1,1\}$,$\boldsymbol{c}=\{0,1,1\}$,则$|3\boldsymbol{a}-\boldsymbol{b}+4\boldsymbol{c}|=$__________.

4. 与向量 $\boldsymbol{a}=\{6,7,-6\}$ 同方向的单位向量 $\boldsymbol{a}^0=$__________.

5. 若向量 $\boldsymbol{a}=-\boldsymbol{i}+2\boldsymbol{j}-3\boldsymbol{k},\boldsymbol{b}=2\boldsymbol{i}-\boldsymbol{j}+\boldsymbol{k}$,则 $|2\boldsymbol{a}+3\boldsymbol{b}|=$__________.

6. 点 $M(-\sqrt{3},-1)$ 的极坐标为__________.

7. 空间动点 M 的球面坐标为 (r,θ,φ),则:

(1) 当 $r=$ 常数时,动点 M 的轨迹是__________;

(2) 当 $\theta=$ 常数时,动点 M 的轨迹是__________;

(3) 当 $\varphi=$ 常数时,动点 M 的轨迹是__________.

三、计算题.

在什么条件下方程 $x^2+y^2+z^2+2ax+2by+2cz+d=0$ 表示一个球面? 求出球心坐标及半径.

第2章 多元函数的微分及其应用

问题引入：

购买住房，一般需要向银行抵押贷款，按月偿还一笔总额为 M 元的贷款，t 年还清，年利率为 r，每月的还款额 P 与 M,t,r 的关系式为

$$P=f(M,r,t)=\frac{Mr}{12\left[1-\left(1+\frac{y}{12}\right)^{-12t}\right]}\quad(元)$$

这里 P 是三个变量 M,r,t 的函数.

在很多实际应用中所遇到的函数，不限于只有一个变量，往往依赖于两个或多个自变量，对于自变量多于一个的函数，通常称为多元函数. 本章将在一元函数微分学的基础上，讨论多元函数的微分及其应用，讨论中将以二元函数微分学为主，然后把讨论的结果推广到一般的多元函数.

2.1 多元函数

同一元函数的研究类似，多元函数的微分学亦需依次研究其基本概念、极限与连续.

2.1.1 多元函数的概念

2.1.1.1 二元函数的定义

定义1 设有三个变量 x,y 和 z，如果对于 x,y 在变化范围内的每一对数值，按照一定的法则，z 总有确定的值与之对应，则称 z 是 x,y 的二元函数，记作 $z=f(x,y)$，其中 x,y 称为自变量，z 称为因变量. 类似地，三元函数记作 $u=f(x,y,z)$，二元和二元以上的函数统称为多元函数.

例如，圆柱体的体积 $V=\pi r^2h$ 是二元函数，长方体的体积 $v=xyz$ 是三元函数.

2.1.1.2 二元函数的定义域

使函数 $z=f(x,y)$ 有意义的自变量 x,y 的取值范围称为函数的定义域. 求二元函数的定义域与求一元函数的定义域类似，但二元函数的定义域一般为平面区域上的点集.

【例 2-1-1】 求 $z=\arcsin\frac{x}{2}+\arccos y$ 的定义域，并画出图形.

解：要使该函数有意义，应满足 $\begin{cases}-1\leqslant\frac{x}{2}\leqslant1\\-1\leqslant y\leqslant1\end{cases}$，所以定义域为 $\{(x,y)\mid-2\leqslant x\leqslant2,\ -1\leqslant y\leqslant1\}$，它是矩形的内部(包括边界)，如图 2-1-1 中阴影部分所示.

【例 2-1-2】 求 $z=\sqrt{4-x^2-y^2}+\frac{1}{\sqrt{x^2+y^2-1}}$ 的定义域，并画出图形.

解:要使该函数有意义,应满足 $\begin{cases}4-x^2-y^2\geqslant 0\\ x^2+y^2-1>0\end{cases}$,所以定义域为$\{(x,y)\mid 1<x^2+y^2\leqslant 4\}$,它是以原点为圆心的环形区域,是有界区域,如图 2-1-2 中阴影部分所示.

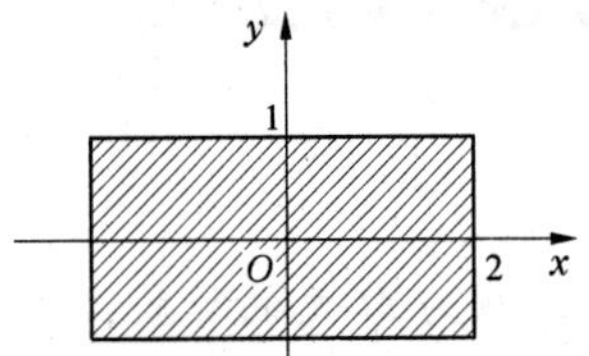

图 2-1-1

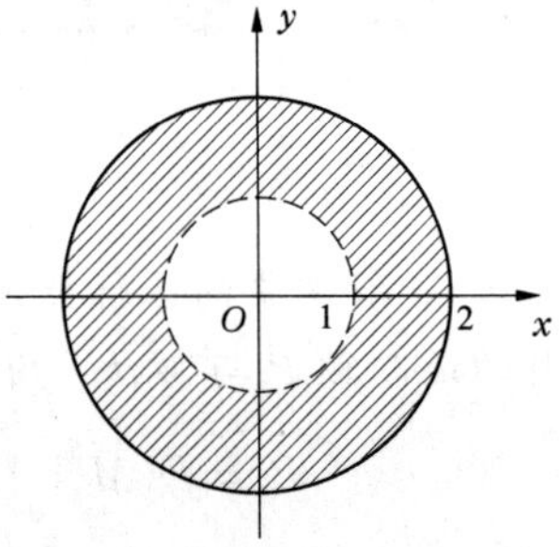

图 2-1-2

2.1.1.3　**二元函数的几何意义**

二元函数 $z=f(x,y)$ 的几何意义一般为一个空间曲面. 例如,$z=x^2+y^2$ 表示旋转抛物面,如图 2-1-3 所示;$z=\sqrt{x^2+y^2}$ 表示上半圆锥面,如图 2-1-4 所示.

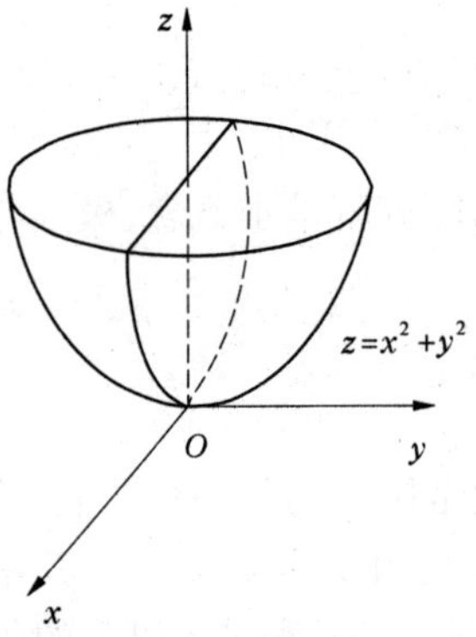

图 2-1-3

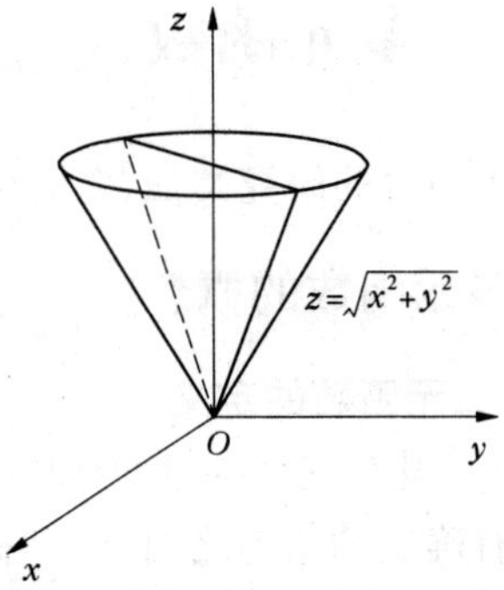

图 2-1-4

2.1.2　二元函数的极限和连续

2.1.2.1　**二元函数的极限**

定义 2　设函数 $z=f(x,y)$ 在点 $P_0(x_0,y_0)$ 的某邻域有意义(P_0 可以除外),点 $P(x,y)$ 是异于点 P_0 的任一点,当动点 $P(x,y)$ 以任何方式趋于点 $P_0(x_0,y_0)$ 时,函数 $f(x,y)$ 总是趋于一个确定的常数 A,则称当动点 $P(x,y)$ 趋于点 $P_0(x_0,y_0)$ 时,函数 $f(x,y)$ 的极限为 A,记作 $\lim\limits_{(x,y)\to(x_0,y_0)} f(x,y)=A$ 或 $\lim\limits_{\substack{x\to x_0\\ y\to x_0}} f(x,y)=A$.

注意:在一元函数 $y=f(x)$ 的极限定义中,点 x 只是沿 x 轴趋向于点 x_0,但是在二元函数极限的定义中,要求点 $P(x,y)$ 以任意方式趋向于点 P_0,如果点 P 只取某些特殊方式,例如,沿平行于坐标轴的直线或沿某一条曲线趋向于点 P_0，即使这时函数趋向于某一确定的值，也不能断定函数极限就一定存在. 因此，当点 P 沿不同路径趋向于点 P_0 时，函数趋向于不同的值，则函数的极限一定不存在.

【例 2-1-3】 求 $\lim\limits_{\substack{x\to 0\\ y\to 1}}\dfrac{e^x+y}{x+y}$.

解：

$$\lim_{\substack{x\to 0\\ y\to 1}}\frac{e^x+y}{x+y}=\frac{e^0+1}{0+1}=2$$

【例 2-1-4】 判断函数 $f(x,y)=\begin{cases}\dfrac{xy}{x^2+y^2}, & x^2+y^2\neq 0\\ 0, & x^2+y^2=0\end{cases}$，当 $(x,y)\to(0,0)$ 时的极限是否存在.

解：当点 $P(x,y)$ 沿 x 轴趋近于原点 $O(0,0)$ 时，有

$$\lim_{\substack{x\to 0\\ y=0}}f(x,y)=\lim_{x\to 0}f(x,0)=\lim_{x\to 0}0=0$$

当点 $P(x,y)$ 沿 y 轴趋近于原点 $O(0,0)$ 时，有

$$\lim_{\substack{x=0\\ y\to 0}}f(x,y)=\lim_{y\to 0}f(0,y)=\lim_{y\to 0}0=0$$

当点 $P(x,y)$ 沿直线 $y=kx$ 趋近于原点 $O(0,0)$ 时，有

$$\lim_{\substack{x\to 0\\ y\to 0}}f(x,y)=\lim_{x\to 0}f(x,kx)=\lim_{x\to 0}\frac{kx^2}{x^2+k^2x^2}=\frac{k}{1+k^2}$$

随着 k 的取值不同，$\dfrac{k}{1+k^2}$ 的值也不同，这说明当点 $P(x,y)$ 沿着不同的直线趋近于点 $O(0,0)$ 时，函数 $f(x,y)$ 的对应值趋近于不同的数，故极限 $\lim\limits_{\substack{x\to 0\\ y\to 0}}f(x,y)$ 不存在.

2.1.2.2　二元函数的连续

定义 3　如果①函数 $z=f(x,y)$ 在点 $p_0(x_0,y_0)$ 及其某邻域有定义；② $\lim\limits_{\substack{x\to x_0\\ y\to y_0}}f(x,y)$ 存在；③ $\lim\limits_{\substack{x\to x_0\\ y\to y_0}}f(x,y)=f(x_0,y_0)$，则称函数 $f(x,y)$ 在点 $p_0(x_0,y_0)$ 处连续.

如果二元函数 $z=f(x,y)$ 在区域 D 内的每一点都连续，则称函数 $z=f(x,y)$ 在区域 D 内连续. 连续的二元函数的图形是一个没有任何空隙和裂缝的曲面.

如果函数 $f(x,y)$ 在点 $p(x_0,y_0)$ 处不连续，则称点 $p(x_0,y_0)$ 为 $f(x,y)$ 的间断点，二元函数的间断点可能是平面上的一个点，也可能是平面上的一条线.

可以证明：二元连续函数的和、差、积、商在其公共定义域内是连续函数，二元连续函数的复合仍是连续的. 它与一元函数类似，有以下特性：

(1) 多元初等函数在其定义域内是连续的；

(2) 如果 $f(x,y)$ 在有界闭区域上连续，则在该区域上一定能取得最大值和最小值；

(3) 在有界闭区域上连续的二元函数，必能取得介于它的两个不同函数值之间的任何值至少一次.

以上关于二元函数极限与连续的讨论完全可以推广到三元及三元以上的函数.

习题 2-1

1. 已知 $f(x,y)=x^2+y^2-\frac{x}{y}$，求 $f(2,1)$.

2. 已知 $f(x,y)=\begin{cases}1, x\geqslant y\\0, x<y\end{cases}$，求 $f(1,0)$，$f(0,0)$，$f(0,1)$.

3. 求下列函数的定义域，并用平面图形表示.

(1) $z=\frac{\sqrt{4x-y^2}}{\ln(1-x^2-y^2)}$；　　(2) $z=\sqrt{x-\sqrt{y}}$.

4. 求下列函数的极限.

(1) $\lim\limits_{\substack{x\to 0\\y\to 0}}\frac{e^x\cos y}{1+x+y}$；　　(2) $\lim\limits_{\substack{x\to\infty\\y\to\infty}}\frac{1+x^2+y^2}{x^2+y^2}$；

(3) $\lim\limits_{\substack{x\to 0\\y\to 1}}\frac{\sin xy}{x}$；　　(4) $\lim\limits_{\substack{x\to 2\\y\to\infty}}(1+\frac{2x}{y})^{x^2y}$.

5. 下列二元函数在何处间断.

(1) $z=\frac{y^2-2x}{y^2+2x}$；　　(2) $z=\sin\frac{1}{x+y}$.

2.2　偏导数

2.2.1　偏导数的概念

在一元函数中，我们由函数的变化率引入了一元函数的导数概念，对于多元函数也有类似的问题. 在研究二元函数时，有时要讨论当其中一个自变量固定不变时，函数关于另外一个自变量的变化率问题，此时的二元函数实际上已转化为一元函数，因此可以利用一元函数的导数概念，得到二元函数对某一个自变量的变化率，这正是多元函数的偏导数问题.

2.2.1.1　偏导数的定义

定义　设函数 $z=f(x,y)$ 在点 (x_0,y_0) 的某邻域有定义，如果

$$\lim_{\Delta x\to 0}\frac{f(x_0+\Delta x,y_0)-f(x_0,y_0)}{\Delta x}$$

存在，则称此极限为二元函数 $z=f(x,y)$ 在点 (x_0,y_0) 对变量 x 的偏导数，记作 $\frac{\partial z}{\partial x}\big|_{(x_0,y_0)}$ 或 $f'_x(x_0,y_0)$；如果 $\lim\limits_{\Delta y\to 0}\frac{f(x_0,y_0+\Delta y)-f(x_0,y_0)}{\Delta y}$ 存在，则称此极限为二元函数 $z=f(x,y)$ 在点 (x_0,y_0) 对变量 y 的偏导数，记作 $\frac{\partial z}{\partial y}\big|_{(x_0,y_0)}$ 或 $f'_y(x_0,y_0)$.

如果函数 $z=f(x,y)$ 在某区域内每点都可导，那么偏导数就是 x,y 的函数，则称它们为 $z=f(x,y)$ 的偏导函数，记作 $\frac{\partial z}{\partial x},\frac{\partial z}{\partial y}$ 或 f'_x，f'_y.

在不致混淆的情况下,通常将偏导函数简称为偏导数.

需要说明的是:①$\frac{\partial z}{\partial x}$,$\frac{\partial z}{\partial y}$是个整体的符号,其中单独的$\partial z$,$\partial x$,$\partial y$没有含义;②和一元函数不同的是,即使二元函数在点$(x_0,y_0)$的偏导数存在,也不一定在该点连续,用类似的方法可以定义三元函数的偏导数.

2.2.1.2 偏导数的求法

既然偏导数实质上看做一元函数的导数,因此一元函数求导的方法对求偏导数完全适用,只要记住对一个自变量求偏导数时,把另一个自变量暂时看作常量就可以了.

【例 2-2-1】 求函数 $z=x^2\sin 2y$ 的偏导数.

解:将 y 看作常量对 x 求导数,得$\frac{\partial z}{\partial x}=2x\sin 2y$;

将 x 看作常量对 y 求导数,得$\frac{\partial z}{\partial y}=2x^2\cos 2y$.

【例 2-2-2】 求函数$f(x,y)=\ln(1+x^2+y^2)$在点$(1,2)$处的偏导数.

解:因为$f'_x(x,y)=\frac{2x}{1+x^2+y^2}$,$f'_y(x,y)=\frac{2y}{1+x^2+y^2}$,所以

$$f'_x(1,2)=\frac{2\times 1}{1+1^2+2^2}=\frac{1}{3},\ f'_y(1,2)=\frac{2\times 2}{1+1^2+2^2}=\frac{2}{3}$$

【例 2-2-3】 设 $u=x^2+y^2+z^2$,证明:$\left(\frac{\partial u}{\partial x}\right)^2+\left(\frac{\partial u}{\partial y}\right)^2+\left(\frac{\partial u}{\partial z}\right)^2=4u$.

证明:因为$\frac{\partial u}{\partial x}=2x$,$\frac{\partial u}{\partial y}=2y$,$\frac{\partial u}{\partial z}=2z$,所以

$$\left(\frac{\partial u}{\partial x}\right)^2+\left(\frac{\partial u}{\partial y}\right)^2+\left(\frac{\partial u}{\partial z}\right)^2=4(x^2+y^2+z^2)=4u$$

2.2.1.3 二元函数偏导数的几何意义

一元函数$y=f(x)$在点x_0的导数$f'(x_0)$的几何意义是曲线$y=f(x)$在点(x_0,y_0)处切线的斜率. 因此二元函数$z=f(x,y)$在点(x_0,y_0)处的偏导数有下述几何意义:二元函数$z=f(x,y)$表示空间的一曲面,而$z=f(x,y_0)$就是曲面$z=f(x,y)$与平面$y=y_0$相交的曲线C_x,因此,$f'_x(x_0,y_0)$就是曲线C_x在$M_0(x_0,y_0,z_0)$处的切线M_0T_x的斜率;同样,$z=f(x_0,y)$是曲面$z=f(x,y)$与平面$x=x_0$相交的曲线C_y,$f'_y(x_0,y_0)$就是曲线C_y在$M_0(x_0,y_0,z_0)$处的切线M_0T_y的斜率,如图 2-2-1 所示.

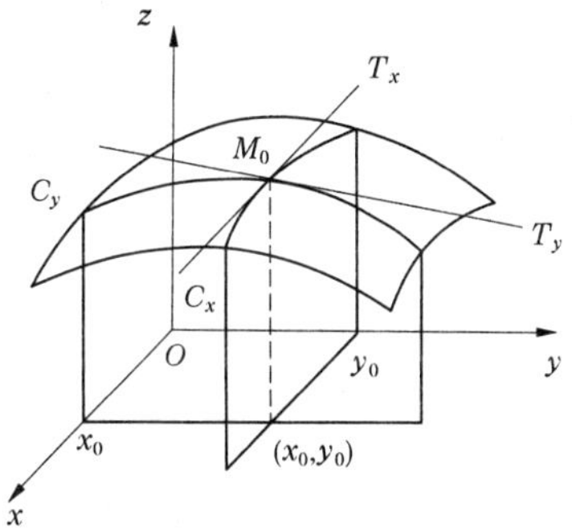

图 2-2-1

2.2.2 高阶偏导数

二元函数$z=f(x,y)$的一阶偏导数$\frac{\partial z}{\partial x}$,$\frac{\partial z}{\partial y}$一般还是$x$,$y$的函数,将它们再对$x$或$y$求偏导数(如存在),则称这两个偏导函数的偏导数为函数$z=f(x,y)$的二阶偏导数. 二阶偏导数共有 4 个:

(1) $\frac{\partial}{\partial x}\left(\frac{\partial z}{\partial x}\right)=\frac{\partial^2 z}{\partial x^2}=z''_{xx}=f''_{xx}$;

(2) $\frac{\partial}{\partial y}\left(\frac{\partial z}{\partial x}\right)=\frac{\partial^2 z}{\partial x\partial y}=z''_{xy}=f''_{xy}$;

(3) $\frac{\partial}{\partial x}\left(\frac{\partial z}{\partial y}\right)=\frac{\partial^2 z}{\partial y\partial x}=z''_{yx}=f''_{yx}$;

(4) $\frac{\partial}{\partial y}\left(\frac{\partial z}{\partial y}\right)=\frac{\partial^2 z}{\partial y^2}=z''_{yy}=f''_{yy}$.

其中第二和第三个称为混合偏导数.同样可得三阶、四阶以及 n 阶偏导数.二阶和二阶以上的偏导数统称为高阶偏导数.

【例 2-2-4】 设 $z=x^3y^2-3xy^3-xy+1$,求二阶偏导数.

解:因为 $\frac{\partial z}{\partial x}=3x^2y^2-3y^3-y$,$\frac{\partial z}{\partial y}=2x^3y-9xy^2-x$,因此

$$\frac{\partial^2 z}{\partial x^2}=6xy^2,\frac{\partial^2 z}{\partial y^2}=2x^3-18xy$$

$$\frac{\partial^2 z}{\partial x\partial y}=6x^2y-9y^2-1,\frac{\partial^2 z}{\partial y\partial x}=6x^2y-9y^2-1$$

从上面的例子可以看到,两个二阶混合偏导数相等.

一般地,如果 $z=f(x,y)$ 的二阶混合偏导数连续,一定有 $\frac{\partial^2 z}{\partial x\partial y}=\frac{\partial^2 z}{\partial y\partial x}$,所以求二阶偏导数时,只需求三个二阶偏导数 $\frac{\partial^2 z}{\partial x^2}$,$\frac{\partial^2 z}{\partial x\partial y}$,$\frac{\partial^2 z}{\partial y^2}$即可.

习题 2-2

1. 求下列函数的一阶偏导数.

(1) $z=x^3y-y^3x$;　(2) $s=\frac{u^2+v^2}{uv}$;　(3) $z=\ln\tan\frac{x}{y}$;

(4) $z=\sin(xy)+\cos^2(xy)$;　(5) $z=e^{-x}\sin y$;　(6) $z=\ln(x+\sqrt{x^2+y^2})$;

(7) $z=\arcsin(xy)$;　(8) $z=(1+xy)^y$.

2. 设 $f(x,y)=\ln(x+\frac{y}{2x})$,求 $f'_y(1,0)$.

3. 求下列函数的所有二阶偏导数.

(1) $z=x^4+y^4-4x^2y^2$;　(2) $z=x^2e^y+y^3\sin x$.

4. 求曲线 $\begin{cases}z=\sqrt{1+x^2+y^2}\\ x=1\end{cases}$ 在点 $M_0(1,1,\sqrt{3})$ 处的切线与 Oy 轴正向所成的角度.

5. 证明 $T(x,t)=e^{-ab^2t}\sin bx$($a>0$,a,b 是常数),满足热传导方程 $\frac{\partial T}{\partial t}=a\frac{\partial^2 T}{\partial x^2}$.

2.3 全微分及其应用

2.3.1 全微分的概念

偏导数反映函数在坐标轴方向的变化率,它只考虑一个自变量发生变化时的情形.下面我们讨论二元函数在所有自变量都有微小变化时,函数增量的变化情况.

设函数 $z=f(x,y)$ 的两个自变量都在变化,它们分别有改变量 Δx 和 Δy,则称函数的改变量 $\Delta z=f(x+\Delta x,y+\Delta y)-f(x,y)$ 为函数 $f(x,y)$ 在点 (x,y) 处的全增量,全增量是自变量的改变量 Δx 与 Δy 的函数,它刻画了 $f(x,y)$ 在点 (x,y) 附近的情况.但全增量 Δz 与 $\Delta x,\Delta y$ 的函数关系往往比较复杂,因此我们引进全微分的概念.在点 (x,y) 附近可以近似代替全增量.

定义 如果函数 $z=f(x,y)$ 在点 (x,y) 的全增量 $\Delta z=f(x+\Delta x,y+\Delta y)-f(x,y)$ 可以表示为 $\Delta z=A\Delta x+B\Delta y+o(\rho)$,其中 A,B 仅与点 (x,y) 有关,而与 $\Delta x,\Delta y$ 无关,$o(\rho)$ 是比 $\rho\left(\rho=\sqrt{(\Delta x)^2+(\Delta y)^2}\right)$ 较高阶的无穷小量,则称函数 $z=f(x,y)$ 在点 (x,y) 处可微,并称 $A\Delta x+B\Delta y$ 为函数 $z=f(x,y)$ 在点 (x,y) 处的全微分,记作 $\mathrm{d}z=A\Delta x+B\Delta y$.

下面我们给出 A,B 与函数 $z=f(x,y)$ 在点 (x,y) 的偏导数的关系.

定理1(可微的必要条件) 如果函数 $z=f(x,y)$ 在点 (x,y) 可微,则函数在该点的偏导数 $\frac{\partial z}{\partial x},\frac{\partial z}{\partial y}$ 必定存在,且函数 $z=f(x,y)$ 在点 (x,y) 的全微分为 $\mathrm{d}z=\frac{\partial z}{\partial x}\Delta x+\frac{\partial z}{\partial y}\Delta y$.

一般地,记 $\Delta x=\mathrm{d}x,\Delta y=\mathrm{d}y$,并且分别称为自变量的微分,则函数 $z=f(x,y)$ 的全微分可写成

$$\mathrm{d}z=\frac{\partial z}{\partial x}\mathrm{d}x+\frac{\partial z}{\partial y}\mathrm{d}y \tag{2-3-1}$$

该定理表明,偏导数 $\frac{\partial z}{\partial x},\frac{\partial z}{\partial y}$ 存在是可微的必要条件,但不是充分条件.下面我们给出可微的充分条件.

定理2(可微的充分条件) 如果函数 $z=f(x,y)$ 在点 (x,y) 的某邻域内偏导数存在且连续,则函数 $z=f(x,y)$ 在点 (x,y) 处可微.

以上关于二元函数全微分的概念及全微分存在的条件,也可类似地推广到二元以上的多元函数.例如,若函数 $u=f(x,y,z)$ 可微,则有

$$\mathrm{d}u=\frac{\partial u}{\partial x}\mathrm{d}x+\frac{\partial u}{\partial y}\mathrm{d}y+\frac{\partial u}{\partial z}\mathrm{d}z$$

【例2-3-1】 求 $z=\mathrm{e}^x\sin(x+y)$ 的全微分.

解:$\frac{\partial z}{\partial x}=\mathrm{e}^x\sin(x+y)+\mathrm{e}^x\cos(x+y),\frac{\partial z}{\partial y}=\mathrm{e}^x\cos(x+y)$.则

$$\mathrm{d}z=\frac{\partial z}{\partial x}\mathrm{d}x+\frac{\partial z}{\partial y}\mathrm{d}y=\mathrm{e}^x[\sin(x+y)+\cos(x+y)]\mathrm{d}x+\mathrm{e}^x\cos(x+y)\mathrm{d}y.$$

【例2-3-2】 求函数 $z=\mathrm{e}^{xy}$ 在点 $(2,1)$ 处的全微分.

解：因为 $\frac{\partial z}{\partial x}=ye^{xy},\frac{\partial z}{\partial y}=xe^{xy}$.

则在点(2,1)处有 $\left.\frac{\partial z}{\partial x}\right|_{\substack{x=2\\x=1}}=e^2,\left.\frac{\partial z}{\partial y}\right|=2e^2$.

所以函数在点(2,1)处的全微分为 $dz=e^2dx+2e^2dy$.

2.3.2 全微分在近似计算中的应用

当二元函数 $z=f(x,y)$ 在点 $p(x,y)$ 处的两个偏导数 $f'_x(x,y)$,$f'_y(x,y)$ 连续，并且 $|\Delta x|$,$|\Delta y|$ 都很小时，有近似等式 $\Delta z\approx dz=f'_x(x,y)\Delta x+f'_y(x,y)\Delta y$，即

$$f(x+\Delta x,y+\Delta y)\approx f(x,y)+f'_x(x,y)\Delta x+f'_y(x,y)\Delta y \tag{2-3-2}$$

我们可以利用上述近似等式对二元函数作近似计算.

【例 2-3-3】 求 $(1.02)^{2.04}$ 的近似值.

解：设 $f(x,y)=x^y$，并取 $x_0=1,y_0=2,\Delta x=0.02,\Delta y=0.04$. 则

$$f'_x(1,2)=yx^{y-1}\big|_{(1,2)}=2,f'_y(1,2)=x^y\ln x\big|_{(1,2)}=0.$$

所以 $(1.02)^{2.04}\approx f(1,2)+f'_x(1,2)\Delta x+f'_y(1,2)\Delta y=1+2\times0.02+0\times0.04=1.04$.

【例 2-3-4】 有一圆柱体受压后发生变形，它的半径由 20 cm 增大到 20.05 cm，高度由 100 cm 减少到 99 cm，求此圆柱体体积变化的近似值.

解：设圆柱体的半径、高和体积依次为 r,h 和 V，则有 $V=\pi r^2h$.

已知 $r=20,h=100,\Delta r=0.05,\Delta h=-1$，根据近似公式有

$$\Delta V\approx dV=V'_r\Delta r+V'_h\Delta h=2\pi rh\Delta r+\pi r^2\Delta h$$
$$=2\pi\times20\times100\times0.05+\pi\times20^2\times(-1)=-200\pi(cm^3)$$

即此圆柱体在受压后体积约减少了 $200\pi\ cm^3$.

习题 2-3

1. 求 $z=2x^2+3y^2$，当 $x=1,y=2,\Delta x=0.2,\Delta y=0.1$ 时的 Δz 及 dz.

2. 求下列函数的全微分.

(1) $z=\sin(x^2+y^2)$；　　(2) $z=x\ln(xy)$；

(3) $z=y^{\cos x}$；　　(4) $z=e^{\frac{y}{x}}$.

3. 求函数 $z=x\sin(x+y)$ 在点 $(\frac{\pi}{4},\frac{\pi}{4})$ 处的全微分.

4. 计算 $(1.97)^{1.05}$ 的近似值($\ln2=0.693$).

5. 计算 $4.02\times\arctan0.92$ 的近似值.

6. 计算 $\sqrt{(1.02)^3+(1.97)^3}$ 的近似值.

7. 设圆锥的底半径 r 由 30 cm 增加到 30.1 cm，其高 h 由 60 cm 减少到 59.5 cm，试求其体积 V 变化的近似值.

2.4 偏导函数的应用

类似于一元函数的微分法可以求出平面曲线的切线方程和法线方程，多元函数的微分

法则可以求出空间曲线的切线与法平面方程,以及空间曲面的切平面与法线方程.

2.4.1　偏导数在几何上的应用

2.4.1.1　空间曲线的切线与法平面

设空间曲线 L 的参数方程为

$$\begin{cases} x = \varphi(t) \\ y = \psi(t) \\ z = \omega(t) \end{cases}$$

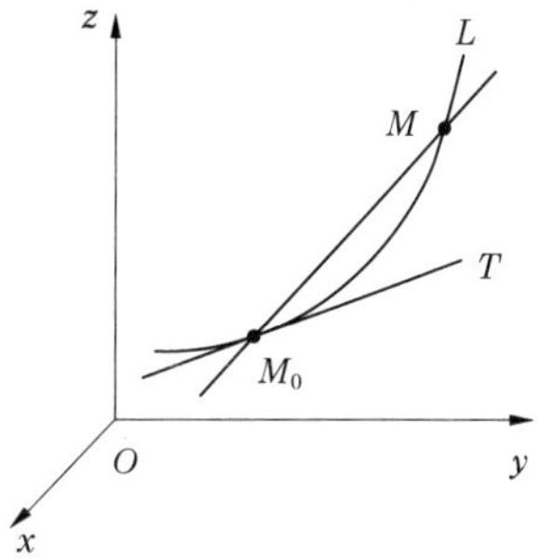

图 2-4-1

其中 $x=\varphi(t)$,$y=\psi(t)$,$z=\omega(t)$ 均连续可导,且在 $t=t_0$ 处的导数不同时为零. 曲线上对应于 $t=t_0$ 及 $t=t_0+\Delta t$ 的点分别为 $M_0(x_0,y_0,z_0)$ 及 $M(x_0+\Delta x,y_0+\Delta y,z_0+\Delta z)$(见图 2-4-1),割线 M_0M 的方程为

$$\frac{x-x_0}{\Delta x}=\frac{y-y_0}{\Delta y}=\frac{z-z_0}{\Delta z} \tag{2-4-1}$$

当点 M 沿着曲线 L 无限趋近于 M_0 时,若割线 M_0M 的极限位置 M_0T 存在,则得曲线 L 在点 M_0 处的切线 M_0T 的方程(式(2-4-1)分母同除以 Δt,再取 $\Delta t\to 0$ 时的极限)

$$\frac{x-x_0}{\varphi'(t_0)}=\frac{y-y_0}{\psi'(t_0)}=\frac{z-z_0}{\omega'(t_0)} \tag{2-4-2}$$

这里 $\varphi'(t_0)$,$\psi'(t_0)$,$\omega'(t_0)$ 不同时为零. 向量 $\vec{S}=\{\varphi'(t_0),\psi'(t_0),\omega'(t_0)\}$ 就是曲线 L 在点 M_0 处切线的方向向量,简称切向量.

过点 M_0 且与切线 M_0T 垂直的平面,称为曲线 L 在点 M_0 处的法平面. 曲线 L 在点 $M_0(x_0,y_0,z_0)$ 处的法平面以 $\vec{S}$ 为法向量,法平面方程为

$$\varphi'(t_0)(x-x_0)+\psi'(t_0)(y-y_0)+\omega'(t_0)(z-z_0)=0 \tag{2-4-3}$$

【例 2-4-1】　求曲线 $\Gamma:\begin{cases} y=16x^2 \\ z=12x^2 \end{cases}$ 在对应于 $x=1$ 的点处的切线与法平面方程.

解:令 $x=t$,得曲线 Γ 的参数方程为 $\begin{cases} x=t \\ y=16t^2 \\ z=12t^2 \end{cases}$. 当 $t=x=1$ 时,$y=16$,$z=12$.

因为 $x'|_{t=1}=1$,$y'|_{t=1}=32$,$z'|_{t=1}=24$,所以曲线 Γ 在对应于 $x=1$ 的点处的切线方程为

$$\frac{x-1}{1}=\frac{y-16}{32}=\frac{x-12}{24}$$

法平面方程为 $(x-1)+32(y-16)+24(z-12)=0$,即 $x+32y+24z-801=0$.

【例 2-4-2】　求螺旋线 $x=\cos t$,$y=\sin t$,$z=t$ 在点 $(1,0,0)$ 处的切线方程和法平面方程.

解:先求出对应点 $(1,0,0)$ 的参数 t. 由 $\begin{cases} 1=\cos t \\ 0=\sin t \\ 0=t \end{cases}$ 可知参数 $t=0$.

由于 $x'=-\sin t$,$y'=\cos t$,$z'=1$,$x'|_{t=0}=0$,$y'|_{t=0}=1$,$z'|_{t=0}=1$. 所以,曲线在点

$(1,0,0)$处的切线方程为$\frac{x-1}{0}=\frac{y}{1}=\frac{z}{1}$,即$\begin{cases}x=1\\y=z\end{cases}$.

曲线在点$(1,0,0)$处的法平面方程为$0\cdot(x-1)+1\cdot(y-0)+1\cdot(z-0)=0$,即$y+z=0$.

2.4.1.2　**曲面的切平面与法线**

设曲面S的方程为$F(x,y,z)=0$,$M(x_0,y_0,z_0)$为曲面S上一点,其中函数$F(x,y,z)$在点M处具有连续的一阶偏导数且偏导数不同时为零.

在曲面S上过点M作任意一条曲线L(见图2-4-2),假设曲线L的参数方程为

$$\begin{cases}x=\varphi(t)\\y=\psi(t)\\z=\omega(t)\end{cases}$$

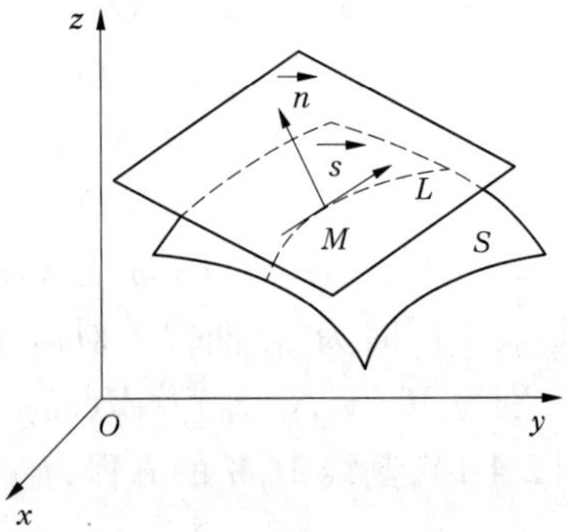

图2-4-2

$M(x_0,y_0,z_0)$对应于参数$t=t_0$,且$\varphi'(t_0)$,$\psi'(t_0)$,$\omega'(t_0)$不全为零.所以,曲线L在点M处具有切线,且切向量为

$$\vec{S}=\{\varphi'(t_0),\psi'(t_0),\omega'(t_0)\}\tag{2-4-4}$$

因为曲线L在曲面S上,故有$F[\varphi(t),\psi(t),\omega(t)]\equiv0$.

等式两边在$t=t_0$处求导,于是

$$\frac{dF}{dt}\Big|_{t=t_0}=F'_x(x_0,y_0,z_0)\varphi'(t_0)+F'_y(x_0,y_0,z_0)\psi'(t_0)+F'_z(x_0,y_0,z_0)\omega'(t_0)=0\tag{2-4-5}$$

设向量$\vec{n}=\{F'_x(x_0,y_0,z_0),F'_y(x_0,y_0,z_0),F'_z(x_0,y_0,z_0)\}$,显然上式表明:$\vec{n}\perp\vec{s}$,因为$L$是过$M$点且在曲面$S$上的任意一条曲线,它们在点$M$处的切线均垂直于同一非零向量$\vec{n}$,所以这些切线共面,这个平面称为曲面$S$在点$M$处的切平面,$\vec{n}$为这个切平面的法向量.切平面方程为

$$F'_x(x_0,y_0,z_0)(x-x_0)+F'_y(x_0,y_0,z_0)(y-y_0)+F'_z(x_0,y_0,z_0)(z-z_0)=0\tag{2-4-6}$$

过点$M(x_0,y_0,z_0)$而垂直于切平面的直线称为曲面在此点处的法线,其法线方程为

$$\frac{x-x_0}{F'_x(x_0,y_0,z_0)}=\frac{y-y_0}{F'_y(x_0,y_0,z_0)}=\frac{z-z_0}{F'_z(x_0,y_0,z_0)}\tag{2-4-7}$$

特别地,若曲面S由方程$z=f(x,y)$表示,令$F(x,y,z)=f(x,y)-z$,则

$$F'_x=f'_x(x,y),F'_y=f'_y(x,y),F'_z=-1\tag{2-4-8}$$

当偏导数$f'_x(x,y)$,$f'_y(x,y)$在点(x_0,y_0)处连续时,曲面在点$M(x_0,y_0,z_0)$的切平面方程为

$$F'_x(x_0,y_0)(x-x_0)+F'_y(x_0,y_0)(y-y_0)-(z-z_0)=0\tag{2-4-9}$$

法线方程为

$$\frac{x-x_0}{f'_x(x_0,y_0)}=\frac{y-y_0}{f'_y(x_0,y_0)}=\frac{z-z_0}{-1}\tag{2-4-10}$$

【例 2-4-3】 求圆锥面 $z=\sqrt{x^2+y^2}$ 在点(3,4,5)处的切平面及法线方程.

解:设 $z=f(x,y)=\sqrt{x^2+y^2}$,因为

$$f'=\frac{x}{\sqrt{x^2+y^2}},\ f'_y=\frac{y}{\sqrt{x^2+y^2}}$$

所以 $f_x'(3,4)=\frac{3}{5}$, $f_y'(3,4)=\frac{4}{5}$.

因此,可得圆锥面在点(3,4,5)处的切平面方程为

$$z-5=\frac{3}{5}(x-3)+\frac{4}{5}(y-4)$$

即 $3x+4y-5z=0$

法线方程为 $\frac{x-3}{\frac{3}{5}}=\frac{y-4}{\frac{4}{5}}=\frac{z-5}{-1}$,即 $\frac{x-3}{3}=\frac{y-4}{4}=\frac{z-5}{-5}$.

2.4.2 多元函数的极值

2.4.2.1 二元函数的极值

在一元函数中,利用函数的导数可以求得函数的极值,从而进一步解决一些有关最大、最小值的应用问题.类似地,在多元函数中也有极值问题,我们着重讨论二元函数的情形.

定义 设函数 $z=f(x,y)$ 在点 $M_0(x_0,y_0)$ 的某邻域内有定义,如果对于该邻域内任何异于点 $M_0(x_0,y_0)$ 的点 $M(x,y)$,恒有不等式 $f(x,y)<f(x_0,y_0)$ 成立,则称函数在点 $M_0(x_0,y_0)$ 取得极大值 $f(x_0,y_0)$;恒有不等式 $f(x,y)>f(x_0,y_0)$ 成立,则称函数在点 $M_0(x_0,y_0)$ 取得极小值 $f(x_0,y_0)$.

极大值和极小值统称为极值,使函数取得极值的点 $M_0(x_0,y_0)$ 称为极值点.

如函数 $f(x,y)=x^2+y^2-1$,因为当 $x\neq0,y\neq0$ 时的函数值 $f(x,y)=x^2+y^2-1>-1=f(0,0)$,所以在点(0,0)取得极小值 -1. 又如函数 $z=\sqrt{1-x^2-y^2}$,附近任意点 (x,y) 有 $f(x,y)=\sqrt{1-x^2-y^2}<1=f(0,0)$,所以在点(0,0)处取得极大值 $f(0,0)=1$.

对于一元可导函数 $y=f(x)$ 来说,若 $f(x)$ 在点 x_0 取得极值,则有 $f'(x_0)=0$,利用这一性质,对于二元函数 $z=f(x,y)$,若在点 (x,y_0) 处达到极大值,那么固定 $y=y_0$,函数 $z=f(x,y_0)$ 必然也在 $x=x_0$ 达到极大值,这样就可用一元函数极值的必要条件得到二元函数极值的必要条件.

定理1(极值存在的必要条件) 若函数 $z=f(x,y)$ 在点 $p_0(x_0,y_0)$ 达到极值,且函数在该点一阶偏导数存在,则有

$$f'_x(x_0,y_0)=0,\ f'_y(x_0,y_0)=0$$

与一元函数类似,把满足上述条件的点 (x_0,y_0) 叫作二元函数的驻点,由定理可知,可导函数的极值点必为驻点,但函数的驻点却不一定是极值点.

例如,函数 $z=x^2-y^2$ 有偏导数 $\frac{\partial z}{\partial x}=2x$, $\frac{\partial z}{\partial y}=-2y$,所以点(0,0)是此函数的驻点. 因为 $z|_{(0,0)}=0$,而在点(0,0)的任意一个邻域内函数既可取正值,也可取负值,所以点(0,0)不是 $z=x^2-y^2$ 的极值点.

与一元函数一样，驻点虽不一定是极值点，但却为寻找可导函数的极值点划定了范围，只要把可导函数的驻点找出来，再设法逐一判别即可. 为此，我们给出一个判别极值的充分条件.

定理 2（极值存在的充分条件） 设函数 $z=f(x,y)$ 在点 $p_0(x_0,y_0)$ 的某个邻域内具有二阶连续偏导数，且点 $p_0(x_0,y_0)$ 是函数的驻点，即 $f'_x(x_0,y_0)=f'_y(x_0,y_0)=0$，若记

$$A=f''_{xx}(x_0,y_0),B=f''_{xy}(x_0,y_0),C=f''_{yy}(x_0,y_0)$$

则：①当 $B^2-AC<0$ 时，点 $p_0(x_0,y_0)$ 是极值点，且若 $A<0$（或 $C<0$），点 $p_0(x_0,y_0)$ 为极大值点；若 $A>0$（或 $C>0$），点 $p_0(x_0,y_0)$ 为极小值点。②当 $B^2-AC>0$ 时，点 $p_0(x_0,y_0)$ 非极值点。③当 $B^2-AC=0$ 时，点 $p_0(x_0,y_0)$ 可能是极值点，也可能不是极值点.

【例 2-4-4】 求函数 $f(x,y)=x^3-3xy+y^3+5$ 的极值.

解：由 $\begin{cases}f'_x=3x^2-3y=0\\ f'_y=3y^2-3x=0\end{cases}$ 得全部驻点为 $(0,0)$，$(1,1)$.

因为 $f''_{xx}=6x$，$f''_{xy}=-3$，$f''_{yy}=6y$，对于点 $(0,0)$，$B^2-AC=9>0$，所以 $f(0,0)$ 不是极值；对于点 $(1,1)$，$B^2-AC=-27<0$，$A=6>0$，所以 $f(1,1)=4$ 是极小值.

2.4.2.2 **多元函数的最值**

与一元函数类似，对于有界闭区域上连续的二元函数，一定能在该区域上取得最大值和最小值. 对于二元可微函数，如果该函数的最大值（最小值）在区域内取得，这个最大值（最小值）的点必在函数的驻点中；若函数的最大值（最小值）在区域的边界上取得，那么它也一定是函数在边界上的最大值（最小值）. 因此，求函数的最大值和最小值的方法是：将函数在所讨论区域内的所有驻点处的函数值与函数在区域的边界上的最大值和最小值相比较，其中最大者就是函数在闭区域上的最大值，最小者就是函数在闭区域上的最小值.

【例 2-4-5】 求函数 $z=x^2y(5-x-y)$ 在闭区域 $D=\{(x,y)\mid x\geqslant 0,y\geqslant 0,x+y\leqslant 4\}$ 上的最大值与最小值.

解：函数在区域 D 内处处可导，且

$$\frac{\partial z}{\partial x}=10xy-3x^2y-2xy^2=xy(10-3x-2y)$$

$$\frac{\partial z}{\partial y}=5x^2-x^3-2x^2y=x^2(5-x-2y)$$

令 $\frac{\partial z}{\partial x}=0$，$\frac{\partial z}{\partial y}=0$，得区域 D 内驻点 $\left(\frac{5}{2},\frac{5}{4}\right)$ 及对应的函数值 $z=\frac{625}{64}$.

考虑函数在区域 D 边界上的情况，在边界 $x=0$，$y=0$ 上的函数 z 的值恒为零. 在边界 $x+y=4$ 上，函数 z 成为 x 的一元函数 $z=x^2(4-x)$，$0\leqslant x\leqslant 4$，对此函数求导得 $\frac{\mathrm{d}z}{\mathrm{d}x}=x(8-3x)$.

因此，$z=x^2(4-x)$ 在 $[0,4]$ 上的驻点为 $x=\frac{8}{3}$，相应的函数值为 $z=\frac{256}{27}$. 所以，函数在闭区域 D 上的最大值为 $z=\frac{625}{64}$，它在点 $\left(\frac{5}{2},\frac{5}{4}\right)$ 处取得最小值为 $z=0$，它在 D 的边界 $x=0$ 及 $y=0$ 上取得.

对于实际问题中的最值问题，往往从问题本身就能断定它的最大值或最小值是否存在，

且在定义区域的内部取得，如果函数的定义区域内有唯一的驻点，则该驻点的函数值就是函数的最大值或最小值.

【例 2-4-6】 某工厂生产甲、乙两种产品，销售单价分别为 10 元与 9 元，生产 x 单位的产品甲与 y 单位的产品乙总费用是 $400+2x+3y+0.01(3x^2+xy+3y^2)$ 元，求取得最大利润时，两种产品的产量各是多少？

解：设生产甲产品 x 单位和乙产品 y 单位时所得的总利润为 $L(x,y)$，因为总利润等于总收入减去总费用，所以

$$\begin{aligned}L(x,y) &= (10x+9y)-[400+2x+3y+0.01(3x^2+xy+3y^2)]\\ &= 8x+6y-0.01(3x^2+xy+3y^2)-400\end{aligned}$$

由 $\begin{cases}L'_x(x,y)=8-0.01(6x+y)=0\\ L'_y(x,y)=6-0.01(x+6y)=0\end{cases}$ 得驻点为 $(120,80)$.

再由 $L''_{xx}=-0.06<0, L''_{xy}=-0.01, L''_{yy}=-0.06$ 得

$$B^2-AC=(-0.01)^2-(-0.06)^2=-3.5\times10^{-3}<0$$

所以，当 $x=120$ 与 $y=80$ 时，$L(120,80)=320$ 是极大值. 由题意知，生产 120 单位产品甲与 80 单位产品乙时，所得利润最大.

2.4.3 条件极值

在实际问题中，求极值时，自变量往往受到一些条件限制，这类问题称为条件极值问题；反之，称为无条件极值问题. 当条件简单时，条件极值可化为无条件极值来处理；当条件较复杂时，求函数的极值往往采用拉格朗日乘数法.

求目标函数 $u=f(x,y,z)$ 在约束条件 $\varphi(x,y,z)=0$ 下的极值的方法是：引入拉格朗日常数 λ，构造拉格朗日函数 $L(x,y,z)=f(x,y,z)+\lambda\varphi(x,y,z)$，列出方程组

$$\begin{cases}L'_x=f'_x+\lambda\varphi'_x=0\\ L'_y=f'_y+\lambda\varphi'_y=0\\ L'_z=f'_z+\lambda\varphi'_z=0\\ \varphi(x,y,z)=0\end{cases}\tag{2-4-11}$$

解出 x,y,z，得可能的极值点 (x,y,z). 判别求出的 (x,y,z) 是否为极值点，通常由实际问题的实际意义判定.

【例 2-4-7】 欲造一个无盖的长方体容器，已知底部造价为 3 元/m^2，侧面造价为 1 元/m^2，现想用 36 元造一个体积最大的容器，求它的尺寸.

解：设容器的长、宽、高分别为 x,y,z，容积为 V，则目标函数为 $V=xyz$，约束条件为 $3xy+2yz+2zx=36$.

构造拉格朗日函数 $L=xyz+\lambda(3xy+2yz+2zx-36)$，令

$$\begin{cases}L'_x=yz+\lambda(3y+2z)=0\\ L'_y=xz+\lambda(3x+2z)=0\\ L'_z=xy+\lambda(2y+2x)=0\\ 3xy+2yz+2zx=36\end{cases}$$

解得 $x=y=2, z=3$. 因体积的最大值一定存在，所以当长、宽均为 2 m，高为 3 m 时，体

积最大.

习题 2-4

1. 求 $y^2=2x, z^2=1-x$ 在点$\left(\frac{1}{2},-1,\frac{\sqrt{2}}{2}\right)$处的切线与法平面方程.

2. 求 $e^z-z+xy=3$ 在点$(2,1,0)$处的切平面与法线方程.

3. 求曲面 $x^2+2y^2+3z^2=21$ 上,平行于平面 $x+4y+6z=0$ 的切平面与法线方程.

4. 求函数 $f(x,y)=xy+2x-\ln x^2y$ 的极值.

5. 求函数 $f(x,y)=xy(1-x-y)$ 的极值.

6. 求 $z=(x^2+y^2-2x)^2$,在 $x^2+y^2\leqslant 2x$ 上的最值.

7. 将周长为 30 cm 的矩形绕它的一边旋转而构成一个圆柱体,问矩形的边长各为多少时,才能使圆柱体的体积最大?

8. 要做一个体积为 V 的长方体箱子,问怎样选择尺寸,才能使所用的材料最少?

2.5　专业应用案例(多元微分学)

2.5.1　全微分与方差传播

2.5.1.1　非线性函数线性化与方差

设随机向量 X 的非线性函数一般形式为

$$z=f(X)=f(x_1,x_2,\cdots,x_n)$$

为了将上式线性化,考虑到上式非线性函数式的全微分

$$dz=\left(\frac{\partial f}{\partial x_1}\right)^0dx_1+\left(\frac{\partial f}{\partial x_2}\right)^0dx_2+\cdots+\left(\frac{\partial f}{\partial x_n}\right)^0dx_n \tag{2-5-1}$$

式中,$\left(\frac{\partial f}{\partial x_n}\right)^0$是函数对各个变量的一阶偏导数,并以近似值 x^0 代入所算得的数值,它们都是常数.或写成如下形式

$$dz=k_1dx_1+k_2dx_2+\cdots+k_ndx_n \tag{2-5-2}$$

根据协方差传播律的推导,当随机向量 X 中的各个分量 x_i 两两相互独立时,此时函数 z 的方差与各变量方差之间关系式为

$$\sigma_z^2=k_1^2\sigma_1^2+k_2^2\sigma_2^2+\cdots+k_n^2\sigma_n^2 \tag{2-5-3}$$

即多个独立观测值的代数和的方差,等于各个观测值方差之和.特别当各观测值的精度相同,且系数均为 1 时,若设中误差为 σ,则

$$\sigma_z^2=\sigma_1^2+\sigma_2^2+\cdots+\sigma_n^2=n\sigma^2 \tag{2-5-4}$$

2.5.1.2　中误差计算案例

【例 2-5-1】　用长度为 L 的钢尺量距,连续丈量了 10 个尺段.已知每一尺段的距离都是独立观测值,且其中误差均为 5 mm,求全长 10 个尺段的中误差.

解:由于共丈量了 10 个尺段,故全长 $L=L_1+L_2+\cdots+L_{10}$.

由式(2-5-4)知,全长 L 方差为

$$m_S^2 = 10\ m^2 = 10 \times 5^2 = 250$$

全长中误差为　　$m_S = \sqrt{10}m = \sqrt{10} \times 5 = 15.8(\mathrm{mm})$

【例 2-5-2】 不动产房屋登记测量.某宅基地为长方形,测量长 12.5 m,宽 6.8 m,若测量中误差均为 10 mm,试计算面积的中误差.

解:由长方形面积公式知 $S = a \times b$.

由式(2-5-1)求其全微分　$\mathrm{d}S = a \times \mathrm{d}b + b \times \mathrm{d}a = 12.5\mathrm{d}b + 6.8\mathrm{d}a$.

由式(2-5-3)知,其面积的方差为

$$m_S^2 = a^2 m_b^2 + b^2 m_a^2 = (12.5 \times 0.01)^2 + (6.8 \times 0.01)^2 = 0.020\ 249$$

面积中误差为　　$m_S = \sqrt{0.020\ 249} = 14.2(\mathrm{cm})$

【例 2-5-3】 设有一导线支点,在已知点 A 上测得点 A 到支点 P 的水平距离为 800.000 m,与一已知方向之间的水平角 β 为 80°33′28″.已知测角中误差 2.5(″),测边中误差为 1.0 (cm).试求 P 点的点位方差.

解:设已知点 A 的坐标为(x_A, y_A),已知方位为 T_A,水平角为 β,则计算点 P 的坐标计算公式如下

$$\left.\begin{aligned} x_P &= x_A + s\cos(T_A + \beta) \\ y_P &= y_A + s\sin(T_A + \beta) \end{aligned}\right\}$$

(1)上述非线性函数的全微分

$$\begin{pmatrix} \mathrm{d}x_P \\ \mathrm{d}y_P \end{pmatrix} = \begin{pmatrix} \cos(T_A + \beta) & -\dfrac{s}{\rho}\sin(T_A + \beta) \\ \sin(T_A + \beta) & \dfrac{s}{\rho}\cos(T_A + \beta) \end{pmatrix} \begin{pmatrix} \mathrm{d}s \\ \mathrm{d}\beta \end{pmatrix}$$

(2)由式(2-5-3)得

$$\left.\begin{aligned} \sigma_{xP}^2 &= \cos^2(T_A + \beta)\sigma_s^2 + \left(-\frac{s\sin(T_A + \beta)}{\rho}\right)^2 \sigma_\beta^2 \\ \sigma_{yP}^2 &= \sin^2(T_A + \beta)\sigma_s^2 + \left(\frac{s\cos(T_A + \beta)}{\rho}\right)^2 \sigma_\beta^2 \end{aligned}\right\}$$

(3)由上式,并将已知数据代入,得点位中误差

$$\begin{aligned} \sigma_P &= \sqrt{\sigma_{xP}^2 + \sigma_{yP}^2} = \sqrt{\sigma_s^2 + \frac{s^2}{\rho^2}\sigma_\beta^2} \\ &= \sqrt{1.0^2 + \frac{800^2}{2\ 062.65^2} \times 2.5^2} = 1.4(\mathrm{cm}) \end{aligned}$$

2.5.2　偏微分与极值应用

2.5.2.1　最小二乘法原理

设在一个三角形中观测了 A、B 和 C 三个内角,观测值 $L_1 = 45°17'21''$,$L_2 = 79°34'56''$,$L_3 = 55°07'37''$.由于观测中不可避免地存在误差,三角形内角之和与其理论值(180°)之间存在不符值,$W = L_1 + L_2 + L_3 - 180° = -6''$.显然,为了消除观测值之间的不符值,各观测值

上应分别加上一个改正数 $v_i(i=1,2,3)$，使得改正后的结果之和，与其应有值之间不再存在不符值，即达到

$$(L_1+v_1)+(L_2+v_2)+(L_3+v_3)=180°$$

满足上述要求的 v，可从表 2-5-1 中任取一组，都能达到这一目的.

表 2-5-1　角度观测值及改正数分配表

角号	观测值	v'	v''	…	v''	…
A	45°17′21″	+2	+1		+1	
B	79°34′56″	+2	+1		+2	
C	55°07′37″	+2	+4		+3	
Σ	179°59′54″	+6	+6		+6	

显然，随着每一组改正数的不同，观测值的平差值也不同，那么取哪一组改正数最合适呢？在解这类问题时，有许多不同的准则，测量数据处理中一般应用的是最小二乘准则. 按照最小二乘准则的要求，认为"最合适"实际上是使估计值与观测值的偏差（角度改正数）平方和达到最小. 本例中，不难看出，只有第一组观测值改正数的平方和为最小，即该组观测值的改正数满足其平方和为最小，而且它使得平差结果的精度最高，我们把满足这个准则条件下的观测值的估计值称为平差值或最或是值.

$$\sum_{i=1}^{n} v_i^2=[vv]=\min \tag{2-5-5}$$

所谓最小二乘法准则，就是要在满足的条件下求出未知参数和观测值的估值，这种方法就称为最小二乘法. 这就是测量平差遵循的原则——最小二乘法原理.

2.5.2.2　最小二乘法原理案例

【例 2-5-4】　设同精度观测了三角形三个内角，如图 2-5-1所示，分别为 L_1、L_2 和 L_3，试按最小二乘法原理求三个角度的平差值和角度改正数.

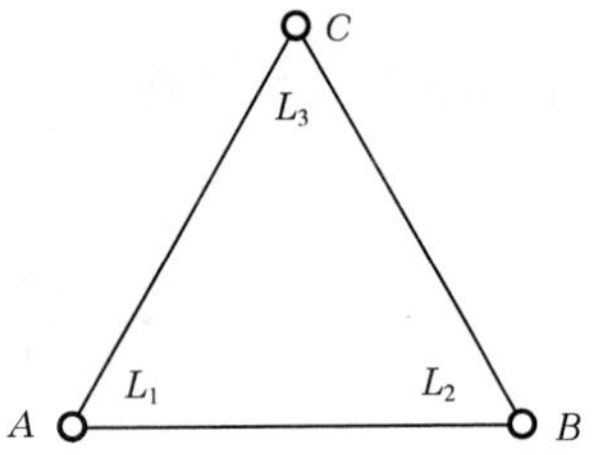

图 2-5-1　测角三角形

解：设角 A 的平差值为 x_1，观测值的改正数为 v_1，角 B 的平差值为 x_2，观测值的改正数为 v_2，则

$$\left.\begin{aligned} L_1+v_1&=x_1\\ L_2+v_2&=x_2\\ L_3+v_3&=-x_1-x_2+180°\end{aligned}\right\} \tag{2-5-6}$$

由式(2-5-5)得到

$$[vv]=v_1^2+v_2^2+v_3^2=(x_1-L_1)^2+(x_2-L_2)^2+(-x_1-x_2+180°-L_3)^2=\min$$

式中，改正数的平方和$[vv]$是未知数 x_i 的函数.

为了求得函数的极值，将上式对两个未知数 x_1 和 x_2 分别求偏导数，并令其等于零：

$$\left.\begin{aligned} \frac{\partial[vv]}{\partial x_1}&=2(x_1-L_1)+2(-x_1-x_2+180°-L_3)\times(-1)=0\\ \frac{\partial[vv]}{\partial x_2}&=2(x_2-L_2)+2(-x_1-x_2+180°-L_3)\times(-1)=0\end{aligned}\right\}$$

经整理后可得:

$$\left.\begin{aligned} 2x_1 + x_2 - L_1 + L_3 - 180^\circ = 0 \\ x_1 + 2x_2 - L_2 + L_3 - 180^\circ = 0 \end{aligned}\right\} \tag{2-5-7}$$

解上述方程,并令 $W = L_1 + L_2 + L_3 - 180^\circ$,即三角形角度闭合差,得未知数:

$$x_1 = L_1 - \frac{W}{3}, x_2 = L_2 - \frac{W}{3}$$

将未知数的解代入式(2-5-6),得改正数:

$$v_1 = v_2 = v_3 = -\frac{W}{3}$$

这就是测量学中测角三角形闭合差反号平均分配的理论根据.

复习题二

一、选择题.

1. $\lim\limits_{\substack{x \to 0 \\ y \to 0}} \dfrac{\sin(x^2 + y^2)}{x^2 + y^2} =$ (　　).

A. 0　　B. 1　　C. ∞　　D. 不存在

2. 设 $z = xe^y + y\sin x, x = t, y = t^2$,则全导数 $\dfrac{dz}{dt}\Big|_{t=0} =$ (　　).

A. 0　　B. 1　　C. 2　　D. -1

3. 设 $z = f(x^3 - y^3)$,且 f 具有导数,则 $\dfrac{\partial z}{\partial x} + \dfrac{\partial z}{\partial y} =$ (　　).

A. $3x^2 - 3y^2$　　B. $(3x^2 - 3y^2)f(x^3 - y^3)$

C. $(3x^2 - 3y^2)f'(x^3 - y^3)$　　D. $(3x^2 + 3y^2)f'(x^3 - y^3)$

4. 设 $z = f(x,y)$ 为二元可微函数,且 $\dfrac{\partial z}{\partial x} = y, \dfrac{\partial z}{\partial y} = x$,则 $dz =$ (　　).

A. $ydx - xdy$　　B. $ydx + xdy$　　C. $xdx + ydy$　　D. $xdx - ydy$

5. 点 $(-1,1)$ 是函数 $z = x^2 + xy + y^2 + x - y$ 的(　　).

A. 极大值点　　B. 极小值点　　C. 非极值点　　D. 非驻点

二、填空题.

1. 设函数 $z = \arcsin\dfrac{x^2 + y^2}{4} + \dfrac{x}{x^2 + y^2}$,则定义域为__________.

2. 设函数 $f(x,y) = x + y - \sqrt{x^2 + y^2}$,则 $f'_x(4,3) =$ __________, $f'_y(4,3) =$ __________.

3. 已知 $z = 2x^3y^2$,则 $dz =$ __________.

4. 已知 $f(x, x - y) = x^2 - xy$,则函数 $f(x,y) =$ __________.

5. 计算 $\lim\limits_{\substack{x \to 0 \\ y \to 0}} \dfrac{x + y}{\sqrt{1 + x + y} - 1} =$ __________.

6. 设 $z = \arctan(xy)$,则 $\dfrac{\partial z}{\partial x} =$ __________.

7. 设 $dz=y\cos x dx+\sin x dy$，则 $\frac{\partial z}{\partial x}=$__________，$\frac{\partial z}{\partial y}=$__________.

8. 设方程 $2e^z-z+xy=4$ 确定了函数 $z=f(x,y)$，则 $\frac{\partial z}{\partial x}\Big|_{(2,1,0)}=$__________.

9. 设 $z=ye^{x^2y}$，则 $\frac{\partial z}{\partial x}=$__________，$\frac{\partial^2 z}{\partial x\partial y}=$__________.

10. 函数 $f(x,y)=x^2-y^2$ 的驻点(0,0)__________极值点(填"是"或"不是").

三、计算下列函数的极限.

1. $\lim\limits_{\substack{x\to+\infty\\ y\to1}}\left(1+\frac{1}{x}\right)^{\frac{x2}{x+y}}$；

2. $\lim\limits_{\substack{x\to0\\ y\to0}}\frac{1-\cos(x^2+y^2)}{(x^2+y^2)^2}$.

四、求下列函数的一阶偏导数.

1. $z=\frac{\tan x^2}{y}$；

2. $z=x^3y-3xy^2+2$.

五、求下列函数的二阶偏导数.

1. $z=\sin^2(2x+3y)$；

2. $z=x\ln(xy)$.

六、求下列函数的全微分.

1. $z=xy+\frac{x}{y}$；

2. $z=\frac{xy}{\sqrt{x^2+y^2}}$.

七、求下列复合函数的偏导数.

1. $z=\arctan(u+v)$，其中 $u=2x-y^2$，$v=x^2y$.

2. $z=u^2\ln v$，其中 $u=\frac{y}{x}$，$v=x^2+y^2$.

八、求曲线 $x=2t,y=t^2,z=\frac{2}{3}t^3$ 在点(6,9,18)处的切线和法平面方程.

九、求证：曲面 $Ax^2+By^2+Cz^2=D$（A,B,C 不全为零）上任一点(x_0,y_0,z_0)处的切平面方程为 $Ax_0x+By_0y+Cz_0z=D$.

十、求函数 $f(x,y)=(x^2+2x+y)e^{2y}$ 的极值点及极值.

十一、用钢板制作表面积为 4 m^2 的有盖长方体容器，其长、宽、高各是多少时，容器的容积最大(不计钢板的厚度)?

第 3 章　矩阵与线性方程组

问题引入：

影片《THE MATRIX(黑客帝国)》讲述了一名年轻的网络黑客尼奥发现看似正常的现实世界实际上是由一个名为“矩阵”的计算机人工智能系统控制的.人类生活在一个庞大的矩阵里,世界上万事万物都是由矩阵构成的,甚至每一个人都是一个小矩阵……那么这种描述有没有道理呢？相信通过本章学习你会有自己的答案.

3.1　矩　阵

3.1.1　矩阵的概念

定义 1　由 $m\times n$ 个数 $a_{ij}(i=1,2,\cdots,m;j=1,2,\cdots,n)$ 排成 m 行 n 列的数表

$$\begin{matrix} a_{11} & a_{12} & \cdots & a_{1n} \\ a_{21} & a_{22} & \cdots & a_{2n} \\ \vdots & \vdots & & \vdots \\ a_{m1} & a_{m2} & \cdots & a_{mn} \end{matrix}$$

称为 m 行 n 列的矩阵,简称 $m\times n$ 矩阵,记作

$$\boldsymbol{A}=\begin{pmatrix} a_{11} & a_{12} & \cdots & a_{1n} \\ a_{21} & a_{22} & \cdots & a_{2n} \\ \vdots & \vdots & & \vdots \\ a_{m1} & a_{m2} & \cdots & a_{mn} \end{pmatrix} \tag{3-1-1}$$

3.1.2　矩阵的运算

3.1.2.1　矩阵的加法

1. 公式

$$\boldsymbol{A}+\boldsymbol{B}=\begin{pmatrix} a_{11}+b_{11} & a_{12}+b_{12} & \cdots & a_{1n}+b_{1n} \\ a_{21}+b_{21} & a_{22}+b_{22} & \cdots & a_{2n}+b_{2n} \\ \vdots & \vdots & & \vdots \\ a_{m1}+b_{m1} & a_{m2}+b_{m2} & \cdots & a_{mn}+b_{mn} \end{pmatrix} \tag{3-1-2}$$

2. 运算律

$$A+B=B+A$$
$$A+B+C=A+(B+C)$$
$$A+(-A)=0$$
$$A+0=A$$

3.1.2.2 数乘矩阵

1. 公式

$$\lambda A=\begin{pmatrix}\lambda a_{11} & \lambda a_{12} & \cdots & \lambda a_{1n}\\ \lambda a_{21} & \lambda a_{22} & \cdots & \lambda a_{2n}\\ \vdots & \vdots & & \vdots\\ \lambda a_{m1} & \lambda a_{m2} & \cdots & \lambda a_{mn}\end{pmatrix} \tag{3-1-3}$$

2. 运算律

$$\lambda A=A\lambda$$
$$(\lambda\mu)A=\lambda(\mu A)$$
$$(\lambda+\mu)A=\lambda A+\mu A$$
$$\lambda(A+B)=\lambda A+\lambda B$$

3.1.2.3 矩阵与矩阵相乘

1. 公式

设 $A=(a_{ij})_{m\times n}$,$B=(b_{ij})_{s\times n}$则 $A\times B=C$,其中 $C=(c_{ij})_{m\times n}$,且

$$c_{ij}=a_{i1}b_{1j}+a_{i2}b_{2j}+\cdots+a_{is}b_{sj}=\sum_{k=1}^{s}a_{ik}b_{kj}\quad(i=1,2,\cdots,m;j=1,2,\cdots,n)$$

2. 运算符(假设运算都是可行的)

$$ABC=A(BC)$$
$$\lambda(AB)=(\lambda A)B=A(\lambda B)\quad(\text{其中 }\lambda\text{ 是数})$$
$$A(B+C)=AB+AC,(B+C)A=BA+CA$$

对于单位矩阵 E,容易验证

$$E_mA_{m\times n}=A_{m\times n},A_{m\times n}E_n=A_{m\times n}$$

或简写成

$$EA=AE=A$$

3.1.2.4 方阵的运算

1. 公式

$$\underbrace{AA\cdots A}_{k}=A^k \tag{3-1-4}$$
$$A^k\cdot A^l=A^{k+l} \tag{3-1-5}$$
$$(A^k)^l=A^{kl} \tag{3-1-6}$$

注意:(1)矩阵乘法一般不满足交换律.

(2)一般 $(AB)^k\neq A^kB^k$.

定义 2 一般将矩阵 A 的行换成同序数的列得到一个新矩阵,叫作 A 的转置矩阵,记作 A^{T}.

2. 运算律

$$(\boldsymbol{A}^{\mathrm{T}})^{\mathrm{T}}=\boldsymbol{A}$$
$$(\boldsymbol{A}+\boldsymbol{B})^{\mathrm{T}}=\boldsymbol{A}^{\mathrm{T}}+\boldsymbol{B}^{\mathrm{T}}$$
$$(\lambda\boldsymbol{A})^{\mathrm{T}}=\lambda\boldsymbol{A}^{\mathrm{T}}$$
$$(\boldsymbol{AB})^{\mathrm{T}}=\boldsymbol{B}^{\mathrm{T}}\boldsymbol{A}^{\mathrm{T}}$$

3.1.2.5　方阵的行列式

1. 公式

设 $\boldsymbol{A}$ 为 n 阶方阵，$|\boldsymbol{A}| = \mathrm{de}\boldsymbol{A}$ 为 $\boldsymbol{A}$ 的行列式.

2. 运算律

$$|A^{\mathrm{T}}| = |A|$$
$$|\lambda A| = \lambda^n |A|$$
$$|AB| = |A||B| \text{（当 } A,B \text{ 均为方阵时）}$$

【例 3-1-1】　已知

$$\boldsymbol{B}=\begin{pmatrix}0&1&2\\-3&4&0\\-1&3&-2\end{pmatrix},\boldsymbol{C}=\begin{pmatrix}4&-1&2\\-1&-4&0\\1&5&-2\end{pmatrix}$$

求：x,y，使
$$\begin{cases}x+y=B & (1)\\3x-y=C & (2)\end{cases}$$

解：将(1)、(2)等式两边相加得 $4x=\boldsymbol{B}+\boldsymbol{C}$

所以

$$x=\frac{1}{4}(\boldsymbol{B}+\boldsymbol{C})=\frac{1}{4}\begin{pmatrix}4&0&4\\-4&0&0\\0&8&-4\end{pmatrix}=\begin{pmatrix}1&0&1\\-1&0&0\\0&2&-1\end{pmatrix}$$

【例 3-1-2】　设 $\boldsymbol{A}=(1,2,3)$，$\boldsymbol{B}=(1,\frac{1}{2},\frac{1}{3})$，令 $\boldsymbol{C}=\boldsymbol{A}^{\mathrm{T}}\boldsymbol{B}$，求 $\boldsymbol{C}^n$.

解：由于

$$\boldsymbol{C}=\boldsymbol{A}^{\mathrm{T}}\boldsymbol{B}=\begin{pmatrix}1\\2\\3\end{pmatrix}(1,\frac{1}{2},\frac{1}{3})=\begin{pmatrix}1&\frac{1}{2}&\frac{1}{3}\\2&1&\frac{2}{3}\\3&\frac{3}{2}&1\end{pmatrix}$$

而

$$\boldsymbol{BA}^{\mathrm{T}}=(1,\frac{1}{2},\frac{1}{3})\begin{pmatrix}1\\2\\3\end{pmatrix}=3$$

所以

$$\boldsymbol{C}^n=\boldsymbol{A}^{\mathrm{T}}\boldsymbol{BA}^{\mathrm{T}}\boldsymbol{BA}^{\mathrm{T}}\boldsymbol{B}\cdots\boldsymbol{A}^{\mathrm{T}}\boldsymbol{B}=3^{n-1}\boldsymbol{C}$$

3.1.3 逆矩阵及其求法

定义 3 设 $\boldsymbol{A}$ 为 n 阶方阵,若存在一个 n 阶方阵 $\boldsymbol{B}$ 使 $\boldsymbol{AB}=\boldsymbol{BA}=\boldsymbol{E}$,则称矩阵 $\boldsymbol{A}$ 是可逆的,并把矩阵称为 $\boldsymbol{A}$ 的逆矩阵.

注:①可逆矩阵又称为非奇异矩阵. ②不可逆矩阵又称为奇异矩阵.

1. 定理

定理 方阵 $\boldsymbol{A}$ 可逆的充分必要条件是 $|\boldsymbol{A}|\neq 0$, 且 $\boldsymbol{A}^{-1}=\frac{1}{|\boldsymbol{A}|}\boldsymbol{A}^*$, 其中

$$\boldsymbol{A}^*=\begin{pmatrix}\boldsymbol{A}_{11} & \boldsymbol{A}_{21} & \cdots & \boldsymbol{A}_{n1}\\ \boldsymbol{A}_{21} & \boldsymbol{A}_{22} & \cdots & \boldsymbol{A}_{n2}\\ \vdots & \vdots & & \vdots\\ \boldsymbol{A}_{1n} & \boldsymbol{A}_{2n} & \cdots & \boldsymbol{A}_{nn}\end{pmatrix}$$

为 $\boldsymbol{A}$ 的伴随矩阵.

推论 若 $\boldsymbol{AB}=E$(或 $\boldsymbol{BA}=E$),则 $\boldsymbol{B}=\boldsymbol{A}^{-1}$.

性质 逆矩阵是唯一的.

2. 运算律

(1)若 $\boldsymbol{A}$ 可逆,则 $\boldsymbol{A}^{-1}$亦可逆,且 $(\boldsymbol{A}^{-1})^{-1}=\boldsymbol{A}$.

(2)若 $\boldsymbol{A}$ 可逆,数 $\lambda\neq0$,则 $\lambda\boldsymbol{A}$ 可逆,且 $(\lambda\boldsymbol{A})^{-1}=\frac{1}{\lambda}\boldsymbol{A}^{-1}$.

(3)若 $\boldsymbol{A},\boldsymbol{B}$ 为同阶矩阵且均可逆,则 $\boldsymbol{AB}$ 亦可逆,且$(\boldsymbol{AB})^{-1}=\boldsymbol{B}^{-1}\boldsymbol{A}^{\mathrm{T}}$.

(4)若 $\boldsymbol{A}$ 可逆,则 $\boldsymbol{A}^{\mathrm{T}}$亦可逆,且$(\boldsymbol{A}^{\mathrm{T}})^{-1}=(\boldsymbol{A}^{-1})^{\mathrm{T}}$.

【例 3-1-3】 设 $\boldsymbol{A}$ 为 n 阶方阵,若 $\boldsymbol{AX}=\boldsymbol{A}+\boldsymbol{X}$,试证 $\boldsymbol{A}-\boldsymbol{E}$ 可逆,并求 $\boldsymbol{X}$.

证明:由 $\boldsymbol{AX}=\boldsymbol{A}+\boldsymbol{X}$,得 $\boldsymbol{AX}-\boldsymbol{A}-\boldsymbol{X}=0$,在此两端同加单位矩阵得

$$\boldsymbol{AX}-\boldsymbol{A}-\boldsymbol{X}+\boldsymbol{E}=\boldsymbol{E}$$

即得$(\boldsymbol{A}-\boldsymbol{E})(\boldsymbol{X}-\boldsymbol{E})=\boldsymbol{E}$,故 $\boldsymbol{A}-\boldsymbol{E}$ 可逆,从而$(\boldsymbol{A}-\boldsymbol{E})^{-1}=\boldsymbol{X}-\boldsymbol{E}$,于是 $\boldsymbol{X}=\boldsymbol{E}+(\boldsymbol{A}-\boldsymbol{E})^{-1}$.

【例 3-1-4】 设

$$\boldsymbol{A}=\begin{pmatrix}1 & 0 & 0 & 0\\ -2 & 3 & 0 & 0\\ 0 & -4 & 5 & 0\\ 0 & 0 & -6 & 7\end{pmatrix}$$

E 为 4 阶单位矩阵,且 $\boldsymbol{B}=(\boldsymbol{E}+\boldsymbol{A})^{-1}(\boldsymbol{E}-\boldsymbol{A})$,求$(\boldsymbol{E}+\boldsymbol{B})^{-1}$.

解:在 $\boldsymbol{B}=(\boldsymbol{E}+\boldsymbol{A})^{-1}(\boldsymbol{E}-\boldsymbol{A})$的两边左乘$(\boldsymbol{E}+\boldsymbol{A})$得

$$(\boldsymbol{E}+\boldsymbol{A})\boldsymbol{B}=\boldsymbol{E}-\boldsymbol{A}$$

即
$$\boldsymbol{B}+\boldsymbol{AB}=\boldsymbol{E}-\boldsymbol{A}$$

亦即
$$\boldsymbol{E}+\boldsymbol{B}+\boldsymbol{A}+\boldsymbol{AB}=2\boldsymbol{E}$$

所以
$$(\boldsymbol{E}+\boldsymbol{B})=(\boldsymbol{E}+\boldsymbol{A})^{-1}2\boldsymbol{E}$$

从而
$$(\boldsymbol{E}+\boldsymbol{B})^{-1}=\frac{1}{2}(\boldsymbol{E}+\boldsymbol{A})==\begin{pmatrix}1 & 0 & 0 & 0\\ -1 & 2 & 0 & 0\\ 0 & -2 & 3 & 0\\ 0 & 0 & -3 & 4\end{pmatrix}$$

3.1.4 矩阵的秩

定义 4 在 $m\times n$ 矩阵 $\boldsymbol{A}$ 中,任取 k 行与 k 列($k\leqslant m,k\leqslant n$),位于这些行列交叉处的 k^2 个元素,不改变它们在矩阵中所处的位置次序而得的 k 阶行列式,称为矩阵 $\boldsymbol{A}$ 的 k 阶子式.

定义 5 设在矩阵 $\boldsymbol{A}$ 中有一个不等于 0 的 r 阶子式 D,且所有 $r+1$ 阶子式(如果存在的话)全等于 0,那么 D 称为矩阵 $\boldsymbol{A}$ 的最高阶非零子式,数 r 称为矩阵 $\boldsymbol{A}$ 的秩,记作 $R(\boldsymbol{A})$.

注:(1)零矩阵的秩为 0;

(2)$R(\boldsymbol{A})=R(\boldsymbol{A}^{\mathrm{T}})$;

(3)可逆矩阵称为满秩矩阵;

(4)不可逆矩阵称为降秩矩阵.

【例 3-1-5】 设矩阵

$$\boldsymbol{A}=\begin{pmatrix}3&2&0&5&0\\3&-2&3&6&-1\\2&0&1&5&-3\\1&6&-4&-1&4\end{pmatrix}$$

求矩阵 $\boldsymbol{A}$ 的秩,并求 $\boldsymbol{A}$ 的一个最高非零子式.

解:先求 $\boldsymbol{A}$ 的秩,为此对 $\boldsymbol{A}$ 作初等行变换成行阶梯形矩阵

$$\boldsymbol{A}=\begin{pmatrix}3&2&0&5&0\\3&-2&3&6&-1\\2&0&1&5&-3\\1&6&-4&-1&4\end{pmatrix}\xrightarrow[\substack{r_3-2r_1\\r_4-3r_1}]{\substack{r_1\leftrightarrow r_4\\r_2-r_4}}\begin{pmatrix}1&6&-4&-1&4\\0&-4&3&1&-1\\0&-12&9&7&-11\\0&-16&12&8&-12\end{pmatrix}$$

$$\xrightarrow[r_4-4r_2]{r_3-3r_2}\begin{pmatrix}1&6&-4&-1&4\\0&-4&3&1&-1\\0&0&0&4&-8\\0&0&0&4&-8\end{pmatrix}\xrightarrow{r_4-r_3}\begin{pmatrix}1&6&-4&-1&4\\0&-4&3&1&-1\\0&0&0&4&-8\\0&0&0&0&0\end{pmatrix}$$

因为行阶梯形矩阵有 3 个非零行,所以 $R(\boldsymbol{A})=3$.

再求 $\boldsymbol{A}$ 的一个最高阶非零子式. 因 $R(\boldsymbol{A})=3$,知 $\boldsymbol{A}$ 的最高阶非零子式为 3 阶. $\boldsymbol{A}$ 的 3 阶子式共有 $C_4^3\cdot C_5^3=40$(个),要从 40 个子式中找出一个非零子式,是比较麻烦的. 考察 $\boldsymbol{A}$ 的行阶梯形矩阵,记 $\boldsymbol{A}=(\boldsymbol{\alpha}_1,\boldsymbol{\alpha}_2,\boldsymbol{\alpha}_3,\boldsymbol{\alpha}_4,\boldsymbol{\alpha}_5)$,则矩阵 $\boldsymbol{B}=(\alpha_1,\alpha_2,\alpha_4)$ 的行阶梯形矩阵为 $\begin{pmatrix}1&6&-1\\0&-4&1\\0&0&4\\0&0&0\end{pmatrix}$. 知 $R(\boldsymbol{B})=3$,故 $\boldsymbol{B}$ 中必有 3 阶非零子式. $\boldsymbol{B}$ 的 3 阶子式有 4 个,在 $\boldsymbol{B}$ 的 4 个 3 阶子式中找一个非零子式比在 $\boldsymbol{A}$ 中找非零子式较方便. 今计算 $\boldsymbol{B}$ 的前三行构成的子式为

$$\begin{vmatrix}3&2&5\\3&-2&6\\2&0&5\end{vmatrix}=\begin{vmatrix}3&2&5\\6&0&11\\2&0&5\end{vmatrix}=-2\begin{vmatrix}6&11\\2&5\end{vmatrix}\neq 0$$

因此,这个子式便是 $\boldsymbol{A}$ 的一个最高阶非零子式.

习题 3-1

1. 计算下列乘积：

(1) $\begin{pmatrix}4 & 3 & 1\\1 & -2 & 3\\5 & 7 & 0\end{pmatrix}\begin{pmatrix}7\\2\\1\end{pmatrix}$；

(2) $(1,2,3)\begin{pmatrix}3\\2\\1\end{pmatrix}$；

(3) $\begin{pmatrix}2\\1\\3\end{pmatrix}(-1,2)$；

(4) $\begin{pmatrix}2 & 1 & 4 & 0\\1 & -1 & 3 & 4\end{pmatrix}\begin{pmatrix}1 & 3 & 1\\0 & -1 & 2\\1 & -3 & 1\\4 & 0 & -2\end{pmatrix}$；

(5) $(x_1,x_2,x_3)\begin{pmatrix}a_{11} & a_{12} & a_{13}\\a_{12} & a_{22} & a_{23}\\a_{13} & a_{23} & a_{33}\end{pmatrix}\begin{pmatrix}x_1\\x_2\\x_3\end{pmatrix}$.

2. 设 $\boldsymbol{A}=\begin{pmatrix}1 & 1 & 1\\1 & 1 & -1\\1 & -1 & 1\end{pmatrix}$，$\boldsymbol{B}=\begin{pmatrix}1 & 2 & 3\\-1 & -2 & 4\\0 & 5 & 1\end{pmatrix}$，求 $3\boldsymbol{AB}-2\boldsymbol{A}$ 及 $\boldsymbol{A}^{\mathrm{T}}\boldsymbol{B}$.

3. 设 $\boldsymbol{A}=\begin{pmatrix}-5 & 3 & 1\\2 & -1 & 1\end{pmatrix}$，

(1) 求可逆矩阵 $\boldsymbol{P}$，使 $\boldsymbol{PA}$ 为行最简形；

(2) 求一个可逆矩阵 $\boldsymbol{Q}$，使 $\boldsymbol{QA}$ 为行最简形.

4. 试利用矩阵的初等变换，求下列方阵的逆阵：

(1) $\begin{pmatrix}3 & 1 & 1\\3 & 1 & 5\\3 & 2 & 3\end{pmatrix}$；

(2) $\begin{pmatrix}3 & -2 & 0 & -1\\0 & 2 & 2 & 1\\1 & -2 & -3 & -2\\0 & 1 & 2 & 1\end{pmatrix}$.

5. (1) 设 $\boldsymbol{A}=\begin{pmatrix}4 & 1 & -2\\2 & 2 & 1\\3 & 1 & -1\end{pmatrix}$，$\boldsymbol{B}=\begin{pmatrix}1 & -3\\2 & 2\\3 & -1\end{pmatrix}$，求 $\boldsymbol{X}$ 使 $\boldsymbol{AX}=\boldsymbol{B}$；

(2) 设 $\boldsymbol{A}=\begin{pmatrix}0 & 2 & 1\\2 & -1 & 3\\-3 & 3 & -4\end{pmatrix}$，$\boldsymbol{B}=\begin{pmatrix}1 & 2 & 3\\2 & -3 & 1\end{pmatrix}$，求 $\boldsymbol{X}$ 使 $\boldsymbol{XA}=\boldsymbol{B}$.

6. 设 $A=\begin{pmatrix}1 & -1 & 0\\ 0 & 1 & -1\\ -1 & 0 & 1\end{pmatrix}$, $AX=2X+A$, 求 X.

7. 在秩是 r 的矩阵中,有没有等于0的 $r-1$ 阶子式? 有没有等于0的 r 阶子式?

3.2 线性方程组

3.2.1 线性方程组解的判定

根据矩阵的乘法,可以将线性方程组写成矩阵形式:

(1) n 元齐次线性方程组 $A_{m\times n}x=0$;

(2) n 元非齐次线性方程组 $A_{m\times n}x=b$;

(3) 称 A 为方程组的系数矩阵, $B=(A,b)$ 为非齐次线性方程组的增广矩阵.

定理1 n 元齐次线性方程组 $A_{m\times n}x=0$ 有非零解的充分必要条件的系数矩阵 A 的秩 $R(A)<n$.

定理2 n 元非齐次线性方程组 $A_{m\times n}x=b$ 有解的充分必要条件的系数矩阵 A 的秩等于增广矩阵 $B=(A,b)$ 的秩.

显然定理3.1是判断齐次线性方程组有什么样解的问题,而定理3.2是用来判断非齐次线性方程组有没有解的问题.

3.2.2 线性方程组的解法

【例3-2-1】 求解齐次线性方程组

$$\begin{cases}x_1+2x_2+2x_3+x_4=0\\2x_1+x_2-2x_3-2x_4=0\\x_1-x_2-4x_3-3x_4=0\end{cases}$$

解:对系数矩阵 A 施行初等行变换为行最简形矩阵

$$A=\begin{pmatrix}1 & 2 & 2 & 1\\ 2 & 1 & -2 & -2\\ 1 & -1 & -4 & -3\end{pmatrix}\xrightarrow[r_3-r_1]{r_2-2r_1}\begin{pmatrix}1 & 2 & 2 & 1\\ 0 & -3 & -6 & -4\\ 0 & -3 & -6 & -4\end{pmatrix}$$

$$\xrightarrow[r_2\div(-3)]{r_3-r_2}\begin{pmatrix}1 & 2 & 2 & 1\\ 0 & 1 & 2 & \frac{4}{3}\\ 0 & 0 & 0 & 0\end{pmatrix}\xrightarrow{r_1-2r_2}\begin{pmatrix}1 & 0 & -2 & -\frac{5}{3}\\ 0 & 1 & 2 & \frac{4}{3}\\ 0 & 0 & 0 & 0\end{pmatrix}$$

即得与方程组同解的方程组

$$\begin{cases}x_1-2x_3-\frac{5}{3}x_4=0\\x_2+2x_3+\frac{4}{3}x_4=0\end{cases}$$

由此即得

$$\begin{cases} x_1 = 2x_3 + \dfrac{5}{3}x_4 \\ x_2 = -2x_3 - \dfrac{4}{3}x_4 \end{cases} \quad (x_3, x_4 \text{ 可任意取值}).$$

令 $x_3 = c_1, x_4 = c_2$，把它写成通常的参数形式

$$\begin{cases} x_1 = 2c_1 + \dfrac{5}{3}c_2 \\ x_1 = -2c_1 - \dfrac{4}{3}c_2 \\ x_3 = c_1 \\ x_4 = c_2 \end{cases}$$

其中 c_1, c_2 为任意实数，或写成向量形式

$$\begin{pmatrix} x_1 \\ x_2 \\ x_3 \\ x_4 \end{pmatrix} = \begin{pmatrix} 2c_1 + \dfrac{5}{3}c_2 \\ -2c_1 - \dfrac{4}{3}c_2 \\ c_1 \\ c_2 \end{pmatrix} = c_1 \begin{pmatrix} 2 \\ -2 \\ 1 \\ 0 \end{pmatrix} + c_2 \begin{pmatrix} \dfrac{5}{3} \\ -\dfrac{4}{3} \\ 0 \\ 1 \end{pmatrix}$$

【例 3-2-2】　设有线性方程组

$$\begin{cases} (1+\lambda)x_1 + x_2 + x_3 = 0 \\ x_1 + (1+\lambda)x_2 + x_3 = 3 \\ x_1 + x_2 + (1+\lambda)x_3 = \lambda \end{cases}$$

问 λ 取何值时，此方程组①有唯一解；②无解；③有无限多个解？并在有无限多解时求其通解.

解：对增广矩阵 $\boldsymbol{B} = (\boldsymbol{A}, b)$ 作初等行变换把它变为行阶梯形矩阵，有

$$\boldsymbol{B} = \begin{pmatrix} 1+\lambda & 1 & 1 & 0 \\ 1 & 1+\lambda & 1 & 3 \\ 1 & 1 & 1+\lambda & \lambda \end{pmatrix} \xrightarrow{r_1 \leftrightarrow r_3} \begin{pmatrix} 1 & 1 & 1+\lambda & \lambda \\ 1 & 1+\lambda & 1 & 3 \\ 1+\lambda & 1 & 1 & 0 \end{pmatrix}$$

$$\xrightarrow[r_3 - (1+\lambda)r_1]{r_2 - r_1} \begin{pmatrix} 1 & 1 & 1+\lambda & \lambda \\ 0 & \lambda & -\lambda & 3-\lambda \\ 0 & -\lambda & -\lambda(2+\lambda) & -\lambda(1+\lambda) \end{pmatrix}$$

$$\xrightarrow{r_3 + r_2} \begin{pmatrix} 1 & 1 & 1+\lambda & \lambda \\ 0 & \lambda & -\lambda & 3-\lambda \\ 0 & 0 & -\lambda(3+\lambda) & (1-\lambda)(3+\lambda) \end{pmatrix}$$

当 $\lambda \neq 0$ 且 $\lambda \neq -3$ 时，$R(\boldsymbol{A}) = R(\boldsymbol{B}) = 3$，方程组有唯一解；

当 $\lambda = 0$ 时，$R(\boldsymbol{A}) = 1, R(\boldsymbol{B}) = 2$，方程组无解；

当 $\lambda = -3$ 时，$R(\boldsymbol{A}) = R(\boldsymbol{B}) = 2$，方程组有无限多个解；

当 $\lambda = -3$ 时，

$$B \sim \begin{pmatrix} 1 & 1 & -2 & -3 \\ 0 & -3 & 3 & 6 \\ 0 & 0 & 0 & 0 \end{pmatrix} \sim \begin{pmatrix} 1 & 0 & -1 & -1 \\ 0 & 1 & -1 & -2 \\ 0 & 0 & 0 & 0 \end{pmatrix}$$

由此便得通解

$$\begin{cases} x_1 = x_3 - 1 \\ x_2 = x_3 - 2 \end{cases} \quad (x_3\text{ 可任意取值})$$

即

$$\begin{pmatrix} x_1 \\ x_2 \\ x_3 \end{pmatrix} = c\begin{pmatrix} 1 \\ 1 \\ 1 \end{pmatrix} + \begin{pmatrix} -1 \\ -2 \\ 0 \end{pmatrix} \quad (c \in R)$$

通过上面的实例,我们可知,对于齐次线性方程组,只须把它的系数矩阵化为行最简形矩阵,找出与原方程组等价的线性方程组,便能写出通解. 对于非齐次线性方程组,只须把它的增广矩阵化成行列阶梯矩阵,便能根据定理3.2判断它是否有解;在有解时,把增广矩阵进一步化成最简形矩阵,从而求出它的通解.

习题 3-2

1. 解下列齐次线性方程组

(1) $\begin{cases} x_1 + x_2 + 2x_3 - x_4 = 0 \\ 2x_1 + x_2 + x_3 - x_4 = 0 \\ 2x_1 + 2x_2 + x_3 + 2x_4 = 0 \end{cases}$

(2) $\begin{cases} x_1 + 2x_2 + x_3 - x_4 = 0 \\ 3x_1 + 6x_2 - x_3 - 3x_4 = 0 \\ 5x_1 + 10x_2 + x_3 - 5x_4 = 0 \end{cases}$

(3) $\begin{cases} 2x_1 + 3x_2 - x_3 - 7x_4 = 0 \\ 3x_1 + x_2 + 2x_3 - 7x_4 = 0 \\ 4x_1 + x_2 - 3x_3 + 6x_4 = 0 \\ x_1 - 2x_2 + 5x_3 - 5x_4 = 0 \end{cases}$

(4) $\begin{cases} 3x_1 + 4x_2 - 5x_3 + 7x_4 = 0 \\ 2x_1 - 3x_2 + 3x_3 - 2x_4 = 0 \\ 4x_1 + 11x_2 - 13x_3 + 16x_4 = 0 \\ 7x_1 - 2x_2 + x_3 + 3x_4 = 0 \end{cases}$

2. 解下列非齐次线性方程组

(1) $\begin{cases} 4x_1 + 2x_2 - x_3 = 2 \\ 3x_1 - x_2 + 2x_3 = 10 \\ 11x_1 + 3x_2 = 8 \end{cases}$

(2) $\begin{cases} 2x+3y+z=4 \\ x-2y+4z=-5 \\ 3x+8y-2z=13 \\ 4x-y+9z=-6 \end{cases}$

(3) $\begin{cases} 2x+y-z+\omega=1 \\ 4x+2y-2z+\omega=2 \\ 2x+y-z-\omega=1 \end{cases}$

(4) $\begin{cases} 2x+y-z+\omega=1 \\ 3x-2y+z-3\omega=4 \\ x+4y-3z+5\omega=-2 \end{cases}$

3.3 专业应用案例

3.3.1 条件方程的矩阵表示

【例 3-3-1】 图 3-3-1 为一四等水准网, A、B 为两个高程已知点, C、D、E、F 分别为待定点. 已知高程值和高差观测值如表 3-3-1 中所示,需完成以下计算任务:①验算所有高差闭合差及其闭合差限差,并判断是否满足相应等级限差要求;②列出改正数条件方程,并写成向量形式.

表 3-3-1

已知高程值					
$H_A=31.100$ m			$H_B=34.165$ m		
高差观测值与测段距离					
h_1	1.001 m	1 km	h_5	0.504 m	2 km
h_2	1.002 m	2 km	h_6	0.060 m	2 km
h_3	1.064 m	2 km	h_7	0.560 m	2.5 km
h_4	0.500 m	1 km	h_8	1.000 m	2.5 km

解:1. 线路高差闭合差计算

由图 3-3-1 可知,根据条件平差理论可以确定该水准网中有 4 个路线高差闭合差. 仔细分析图形线路,有多种路线选择. 可选择 3 个闭合路线($F\to C\to E\to F$, $F\to C\to D\to F$, $F\to D\to E\to F$)和 1 个附合路线($A\to F\to D\to B$),或选择另外 3 个闭合路线和 1 个附合路线,或者选择 1 个闭合路线和 3 个附合路线等. 不过从图上直观来看,选择 3 个闭合路线和 1 个附合路线较为简单明了.

(1) $F\to C\to E\to F$ 路线闭合差及限差.

$$w_1=h_2-h_4-h_5=-2.0\ \text{mm}$$

$$w_{1限}=20\sqrt{L}=20\sqrt{5}=44.7(\text{mm})$$

$w_1<w_{1限}$,满足四等水准测量规范要求.

(2) $F \to C \to D \to F$ 路线闭合差及限差.

$$w_2 = h_2 - h_3 + h_6 = -2.0 \text{ mm}$$

$$w_{2限} = 20\sqrt{L} = 20\sqrt{6} = 49.0(\text{mm})$$

$w_2 < w_{2限}$,满足四等水准测量规范要求.

(3) $F \to D \to E \to F$ 路线闭合差及限差.

$$w_3 = h_3 - h_4 - h_7 = 4.0 \text{ mm}$$

$$w_{3限} = 20\sqrt{L} = 20\sqrt{5.5} = 46.9(\text{mm})$$

$w_3 < w_{3限}$,满足四等水准测量规范要求.

(4) $A \to F \to D \to B$ 路线闭合差及限差.

$$w_4 = H_A + h_1 + h_3 + h_8 - H_B = 0.0 \text{ mm}$$

$$w_{4限} = 20\sqrt{L} = 20\sqrt{5.5} = 46.9(\text{mm})$$

$w_4 < w_{4限}$,满足四等水准测量规范要求.

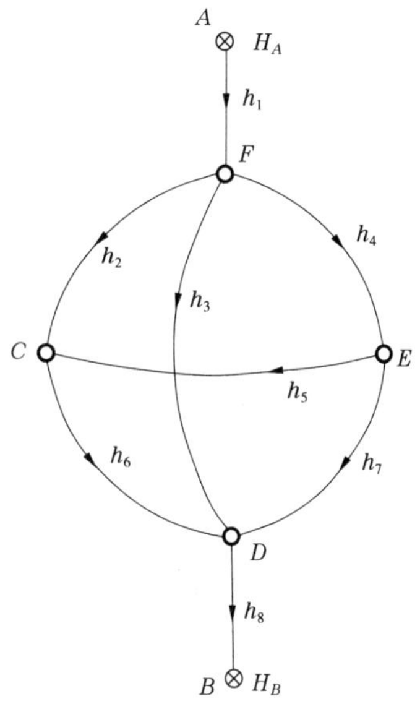

图 3-3-1 水准网平差略图

2. 条件方程式的列立

根据水准网平差的原则,上述闭合线路上各高差值的改正数之和应与该线路的闭合差相等,符号相反,于是有

$$w_1 = h_2 - h_4 - h_5 = -2.0 \Rightarrow v_2 - v_4 - v_5 - 2.0 = 0$$
$$w_2 = h_2 - h_3 + h_6 = -2.0 \Rightarrow v_2 - v_3 + v_6 - 2.0 = 0$$
$$w_3 = h_3 - h_4 - h_7 = 4.0 \Rightarrow v_3 - v_4 - v_7 - 4.0 = 0$$
$$w_4 = H_A + h_1 + h_3 + h_8 - H_B = 0.0 \Rightarrow v_1 + v_3 + v_8 = 0$$

上述线性方程组写成下述矩阵和向量形式

$$\begin{pmatrix} 0 & 1 & 0 & -1 & -1 & 0 & 0 & 0 \\ 0 & 1 & -1 & 0 & 0 & 1 & 0 & 0 \\ 0 & 0 & 1 & -1 & 0 & 0 & -1 & 0 \\ 1 & 0 & 1 & 0 & 0 & 0 & 0 & 1 \end{pmatrix} \begin{pmatrix} v_1 \\ v_2 \\ v_3 \\ v_4 \\ v_5 \\ v_6 \\ v_7 \\ v_8 \end{pmatrix} + \begin{pmatrix} -2.0 \\ -2.0 \\ 4.0 \\ 0.0 \end{pmatrix} = 0$$

令 $\underset{4\times 8}{\boldsymbol{A}} = \begin{pmatrix} 0 & 1 & 0 & -1 & -1 & 0 & 0 & 0 \\ 0 & 1 & -1 & 0 & 0 & 1 & 0 & 0 \\ 0 & 0 & 1 & -1 & 0 & 0 & -1 & 0 \\ 1 & 0 & 1 & 0 & 0 & 0 & 0 & -1 \end{pmatrix}, \underset{8\times 1}{\boldsymbol{V}} = \begin{pmatrix} v_1 \\ v_2 \\ v_3 \\ v_4 \\ v_5 \\ v_6 \\ v_7 \\ v_8 \end{pmatrix}, \underset{4\times 1}{\boldsymbol{W}} = \begin{pmatrix} -2.0 \\ -2.0 \\ 4.0 \\ 0.0 \end{pmatrix}$

则上述条件方程的矩阵形式如下

$$AV + W = 0 \tag{3-3-1}$$

3.3.2 法方程的组成与解算

在测量数据处理过程中,为了求得观测值的改正数[如式(3-3-1)中的 V],需要根据最小二乘法则组成法方程,按照条件方程式(3-3-1)组成法方程如下:

$$NK + W = 0 \tag{3-3-2}$$

其中,系数阵 $N = AP^{-1}A^{\mathrm{T}}$,$A$、$W$ 同上,K 为联系数(法方程未知数),P 为高差观测值的权阵,为一对角阵,对角线上的元素为水准线路距离(以 km 为单位)的倒数.

【例 3-3-2】 某四等水准测量,水准网图、已知点高程值、高差观测值及高差线路距离同【例 3-3-1】,条件方程见式(3-3-1),试组成法方程并求解联系数 K.

解:1. 确定高差观测值的权逆阵

根据题意,由高差线路的距离确定高差观测值的权阵和权逆阵如下:

$$P = \begin{pmatrix} 1 &&&&&&& \\ & 0.5 &&&&&& \\ && 0.5 &&&&& \\ &&& 1 &&&& \\ &&&& 0.5 &&& \\ &&&&& 0.5 && \\ &&&&&& 0.4 & \\ &&&&&&& 0.4 \end{pmatrix}, P^{-1} = \begin{pmatrix} 1 &&&&&&& \\ & 2 &&&&&& \\ && 2 &&&&& \\ &&& 1 &&&& \\ &&&& 2 &&& \\ &&&&& 2 && \\ &&&&&& 2.5 & \\ &&&&&&& 2.5 \end{pmatrix}$$

2. 求法方程系数阵,组成法方程

$$N = AP^{-1}A^{\mathrm{T}} = \begin{pmatrix} 5 & 2 & 1 & 0 \\ 2 & 6 & -2 & -2 \\ 1 & -2 & 5.5 & 2 \\ 0 & -2 & 2 & 5.5 \end{pmatrix}$$

$$\begin{pmatrix} 5 & 2 & 1 & 0 \\ 2 & 6 & -2 & -2 \\ 1 & -2 & 5.5 & 2 \\ 0 & -2 & 2 & 5.5 \end{pmatrix}\begin{pmatrix} k_1 \\ k_2 \\ k_3 \\ k_4 \end{pmatrix} + \begin{pmatrix} -2.0 \\ -2.0 \\ 4.0 \\ 0.0 \end{pmatrix} = 0$$

3. 解法方程,求联系数 K

$$\begin{pmatrix} k_1 \\ k_2 \\ k_3 \\ k_4 \end{pmatrix} = \begin{pmatrix} 5 & 2 & 1 & 0 \\ 2 & 6 & -2 & -2 \\ 1 & -2 & 5.5 & 2 \\ 0 & -2 & 2 & 5.5 \end{pmatrix}^{-1} \times \begin{pmatrix} -2.0 \\ -2.0 \\ 4.0 \\ 0.0 \end{pmatrix} = \begin{pmatrix} 0.6426 \\ -0.1061 \\ -1.0010 \\ 0.3254 \end{pmatrix}$$

第 4 章 概率论与数理统计初步

问题引入：

自然现象与社会现象多种多样，归纳起来不外乎两种：确定性的和非确定性的. 在保持基本条件不变的情况下，重复实验或观察，其结果总是确定的，这一类现象称为确定性现象. 例如，纯水在 1 个大气压下温度达到 100 ℃时必然沸腾，异性电荷必然相互吸引，等等. 另一种现象是保持基本条件不变的情况下，重复实验或观察，或出现这种结果，或出现那种结果，即它的结果是不确定的，此类现象称为随机现象. 例如，抛掷一枚硬币，朝上出现的面；每天通过某座桥的汽车数量；等等.

4.1 随机事件与样本空间

4.1.1 随机现象与随机试验

在进行个别实验或观察时，其结果的出现具有不确定性，但在大量重复实验或观察中，其结果的出现又具有统计规律性的现象，称为随机现象. 为对自然现象和社会现象加以研究所进行的实验或观察，称为试验. 若一个试验具有以下三个特性：

(1) 可以在相同条件下重复进行.

(2) 每次试验的可能结果不止一个，并且事先可以知道试验的所有可能结果.

(3) 每次试验之前不能确定哪一个结果会出现，则称这一试验为随机试验，记为 E. 例如：

E_1 ——掷一枚骰子，观察出现的点数；

E_2 ——记录某路段每天汽车事故发生的次数；

E_3 ——记录某公园每天来到的游客人数；

E_4 ——测量两个目标之间的距离，记录产生的误差，等等.

4.1.1.1 随机事件与样本空间

在随机试验中，可能发生也有可能不发生的结果，称为随机事件，简称事件. 事件通常用字母 $A,B,C,\cdots$表示.

例如，在第一节试验 E_1 中，“出现偶数点”“出现不超过 4 的点数”都是随机事件；在试验 E_4 中，“测量误差的绝对值超过 1 m”是随机事件，等等.

在一个试验中，不论可能的结果有多少个，总可以找到一组基本结果，满足：

(1) 每一次试验，必然出现且只能出现其中的一个基本结果；

(2) 任何事件，都是由其中一些基本结果所组成的.

随机试验的每一个结果是一个随机事件，称为这个试验的基本事件或样本点，记为 ω.

随机试验 E 的全体样本点组成的集合称为试验 E 的样本空间,记为 Ω.

随机事件可表述为样本点的某个集合,即样本空间 Ω 的某个子集. 所谓事件 A 发生,是指在一次试验中,当且仅当 A 中包含的某个样本点出现.

下面给出了第一节中试验 E_1,E_4 的样本空间及随机事件的例子.

E_1:$\Omega=\{1,2,3,4,4,6\}$

$A=\{$出现偶数点$\}=\{2,4,6\}$

$B=\{$出现不超过 4 的点数$\}=\{1,2,3,4,4\}$

E_4:$\Omega=\{\delta \mid \delta_1 \leqslant \delta \leqslant \delta_2\}$

$A=\{$测量误差的绝对值超过 1 m$\}=\{\delta \,||\delta_1|>1\}$

在每次试验中一定发生的事件称为必然事件. 样本空间包含所有的样本点. 每次试验它必然会发生,因此样本空间就是必然事件. 在每次试验中一定不发生的事件称为不可能事件. 必然事件与不可能事件所反映的现象是确定性现象,并不具有随机性,但为了研究的方便与统一起见,仍把必然事件与不可能事件视为特殊的"随机"事件.

4.1.1.2　事件间的关系及其运算

事件是一个集合,因此事件间的关系及其运算可用集合间的关系及其运算来处理. 下面介绍事件间的关系及其运算.

设 Ω 为某试验 E 的样本空间,$A,B,\cdots,A_k\ (k=1,2,\cdots)$ 为随机事件.

1. 事件的包含关系

若事件 A 发生必然导致事件 B 发生,即 A 中的样本点一定属于 B,则称事件 B 包含事件 A,记为 $A \subset B$,或 $B \supset A$.

【例 4-1-1】　袋中装有编号为 1 号、2 号的 2 只白球和编号为 3 号的 1 只黑球,从袋中无放回地任意摸取 2 次,每次摸 1 个. (i,j) 表示第一次摸得 i 号球、第二次摸得 j 号球的基本事件,则这一试验的样本空间为

$$\Omega=\{(1,2),(1,3),(2,1),(2,3),(3,1),(3,2)\}.$$

且有下列随机事件:

$A=\{(1,2),(1,3),(2,1),(2,3)\}=\{$第一次摸得白球$\}$;

$B=\{(3,1),(3,2)\}=\{$第一次摸得黑球$\}$;

$C=\{(1,2),(2,1)\}=\{$第二次摸得白球$\}$;

$D=\{(1,3),(2,3)\}=\{$第一次摸得白球,第二次摸得黑球$\}$;

$G=\{(1,2),(2,1)\}=\{$没有摸得黑球$\}$.

事件 C 发生必然导致事件 A 发生,故 $C \subset A$; 同理, $D \subset A$.

容易知道,对任何事件 A,都有 $\varnothing \subset A \subset \Omega$.

事件间的包含关系可以用文氏(Venn)图直观地表示.

2. 事件的相等关系

若 $A \subset B$ 且 $B \subset A$, 则称事件 A 与 B 相等,记为 $A=B$, 如图 4-1-1所示.

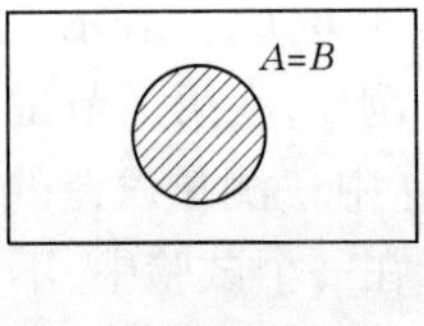

图 4-1-1

如在例 4-1-1 中,$C=G$.

3. 事件的和运算

"事件 A 与事件 B 中至少有一个发生"这一事件称为事件 A

与 B 的和，记为 $A \cup B$，它是由 A 与 B 的样本点合并而成的事件，如图 4-1-2 所示.

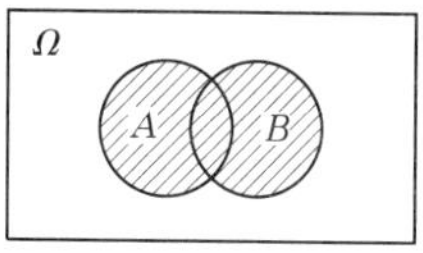

图 4-1-2

如在例 4-1-1 中，$A = C \cup D$.

类似地，"n 个事件 $A_1, A_2, \cdots, A_n$ 中至少有一个发生"的事件称为事件 $A_1, A_2, \cdots, A_n$ 的和，记为 $A_1 \cup A_2 \cup \cdots \cup A_n$ 或 $\bigcup_{i=1}^{n} A_n$；"可列个事件 $A_1, A_2, \cdots A_n, \cdots$ 中至少有一个发生"的事件称为事件 $A_1, A_2, \cdots, A_n, \cdots$ 的和，记为 $A_1 \cup A_2 \cup \cdots \cup A_n \cup \ldots$ 或 $\bigcup_{i=1}^{\infty} A_i$.

4. 事件的积运算

"事件 A 与事件 B 同时发生"这一事件称为事件 A 与 B 的积，记为 $A \cap B$ 或 AB，它是由 A 与 B 的公共的样本点所构成的事件，如图 4-1-3 所示.

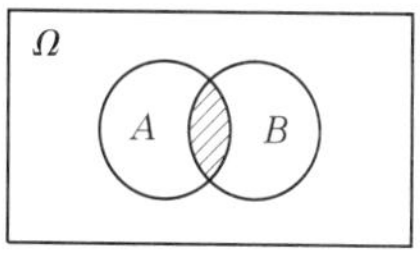

图 4-1-3

如在例 4-1-1 中，$C = A \cap C$.

类似地，"n 个事件 $A_1, A_2, \cdots, A_n$ 同时发生"的事件称为事件 $A_1, A_2, \cdots, A_n$ 的积，记为 $A_1 \cap A_2 \cap \cdots \cap A_n$ 或 $\bigcap_{i=1}^{n} A_i$；"可列各事件 $A_1, A_3, \cdots, A_n, \cdots$ 同时发生"的事件称为事件 $A_1, A_2, \cdots A_n, \cdots$ 的积，记为 $A_1 \cap A_2 \cap \cdots \cap A_n \cap \cdots$ 或 $\bigcap_{i=1}^{\infty} A_i$.

5. 事件的差运算

"事件 A 发生而事件 B 不发生"这一事件称为事件 A 与 B 的差，记为 $A - B$，它是由属于 A 而不属于 B 的样本点所构成的事件，如图 4-1-4 所示.

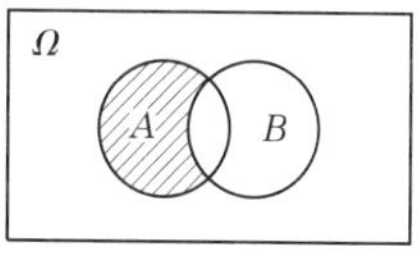

图 4-1-4

如在例 4-1-1 中，$C = A - D, D = A - C$.

6. 事件的互不相容关系

若事件 A 与事件 B 不可能同时发生，即有 $A \cap B = \varnothing$，则称事件 A 与 B 是互不相容的或互斥的. 它意味着 A 与 B 没有公共的样本点，如图 4-1-5 所示.

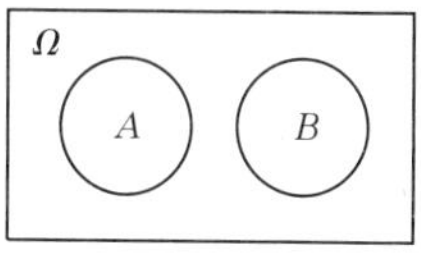

图 4-1-5

如在例 4-1-1 中，$B \cap C = \varnothing, B \cap D = \varnothing, C \cap D = \varnothing$，即事件 B, C, D 是两两互不相容的.

7. 事件的对立关系

若在每次试验中，事件 A 与事件 B 必有且仅有一个发生，即有 $AB = \varnothing$ 且 $A \cup B = \Omega$，则称事件 A 与 B 是互为对立的或互逆的，也称事件 A 与 B 互为对立事件或互为逆事件，记为 $B = \overline{A}$，$A = \overline{B}$，如图 4-1-6 所示.

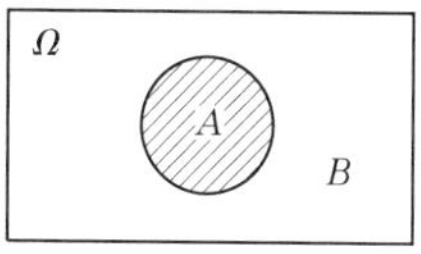

图 4-1-6

如在例 4-1-1 中，$AB = \varnothing$ 且 $A \cap B = \Omega$，即事件 A 与 B 互逆，$\overline{A} = B$.

不难验证以下三个结论：

(1) $\overline{\overline{A}} = A$；

(2) $A - B = A\overline{B}$；

(3) $\overline{A} = \Omega - A$.

显然,对立事件必为互不相容事件; 反之,互不相容事件未必为对立事件. 当事件 A 与 B 互不相容时,可以把 $A \cup B$ 记为 $A+B$.

从前面的讨论我们知道,事件可以表述为样本空间的子集,而事件的关系与运算就是集合的关系与运算,只不过我们用概率论的语言方式给予了另一种描述. 因此,从集合的运算律可以得到事件的运算律,例如:

交换律 $A \cup B = B \cup A, A \cap B = B \cap A$

结合律 $(A \cup B) \cup C = A \cup (B \cup C)$

$(A \cap B) \cap C = A \cap (B \cap C)$

分配律 $(A \cup B) \cap C = (A \cap C) \cup (B \cap C)$

$(A \cap B) \cup C = (A \cup C) \cap (B \cup C)$

摩根定律 $\overline{A \cup B} = \overline{A} \cap \overline{B}, \overline{A \cap B} = \overline{A} \cup \overline{B}$

分配律和摩根定律还可以推广至任意有限个事件或可列个事件.

【例 4-1-2】 设 A,B,C 为三个事件,利用 A,B,C 表示下列事件:

(1) A 发生而 B 与 C 都不发生;

(2) A,B,C 恰有一个发生;

(3) A,B,C 中不多于两个发生;

(4) A,B 至少有一个发生而 C 不发生.

解:(1) $A\overline{B}\overline{C}$ 或 $A-B-C$;

(2) $\overline{A}\overline{B}C + \overline{A}B\overline{C} + A\overline{B}\overline{C}$;

(3) $\overline{ABC}$ 或 $\overline{A} \cup \overline{B} \cup \overline{C}$;

(4) $(A \cup B)\overline{C}$ 或 $A\overline{B}\overline{C} + \overline{A}B\overline{C} + AB\overline{C}$.

【例 4-1-3】 从一批钢筋中无放回地任意抽取 3 次,每次抽取 1 根,设 $A_i = \{$第 i 次抽取的钢筋是正品$\}$ $(i=1,2,3)$,试用 A_1,A_2,A_3 表示下列事件:

(1) 没有抽到 1 根次品;

(2) 只有第 3 次抽得的是次品;

(3) 恰好抽得 1 根次品;

(4) 至少抽得 1 根次品.

解:(1) $A_1A_2A_3$;

(2) $A_1A_2\overline{A_3}$;

(3) $\overline{A_1}A_2A_3 + A_1\overline{A_2}A_3 + A_1A_2\overline{A_3}$;

(4) $\overline{A_1} \cup \overline{A_2} \cup \overline{A_3}$ 或 $\overline{A_1}\,\overline{A_2}\,\overline{A_3}$.

4.1.2 随机事件的概率

除必然事件和不可能事件外,任一随机事件在一次试验中都有发生与不发生的可能性,人们往往通过实际观察来估计某个事件发生的可能性的大小. 例如,遇到某种天气,人们常会说"今天十之八九会下雨",这个"十之八九"就是表示"今天下雨"这个事件发生的可能性的大小,这是人们通过大量观察得出的一种统计规律,即已经历了 n 次这种天气,下雨的

天数所占的比例是 $\frac{8}{9}\sim\frac{9}{10}$. 一般地,人们希望用一个适当的数字来表示一个事件在一次试验中发生的可能性的大小.

4.1.2.1 概率的统计定义

定义1 若事件 A 在 N 次试验中发生了 n 次,则称 $\frac{n}{N}$ 为事件 A 在这 N 次试验中发生的频率,记为 $f_N(A)=\frac{n}{N}$,则称 n 为事件 A 在这 N 次试验中发生的频数.

频数具有如下性质:

(1) $0\leqslant f_N(A)\leqslant 1$.

(2) $f_N(\Omega)=1$, $f_N(\varnothing)=0$.

(3)① $f_N(A\cup B)=f_N(A)+f_N(B)-f_N(AB)$.

②若事件 A 与 B 互不相容,则 $f_N(A+B)=f_N(A)+f_N(B)$.

③若事件 $A_1,A_2,\cdots,A_n$ 两两互不相容,则 $f_N(A_1+A_2+\cdots+A_n)=f_N(A_1)+f_N(A_2)+\cdots+f_n(A_n)$.

(4) $f_N(A)=1-f_N(\bar{A})$.

(5)若事件 $A\subset B$, 则 $f_N(B-A)=f_N(B)+f_N(A)$.

事件 A 发生的频率越大,A 在一次试验中发生的可能性较大,但是频率除与试验次数 N 有关外,还具有随机波动性,即使同样进行了 N 次试验,n 一般也会不同,频率也就会不同,但这种波动不是杂乱无章的,历史上著名的统计学家蒲丰(Buffon)和皮尔逊(Pearson)曾进行过大量掷硬币的试验,结果如表4-1-1所示。

表 4-1-1

试验者	掷硬币次数	出现正面次数	出现正面的频率
蒲丰	4 040	2 048	0.506 9
皮尔逊	12 000	6 019	0.501 6
皮尔逊	24 000	12 012	0.500 5

可见投掷次数充分多时,正面出现的频率总在0.5附近波动,且随着试验次数的增加,它逐渐趋定于0.5,这个0.5就能反映正面出现的可能性的大小。

人们通过大量实践,发现了随机事件的一个极其重要的特性:在充分多次重复的试验中,事件 A 的频率 $f_N(A)$ 总在某定值 ρ 附近波动,且随着试验次数的增加,它逐渐趋定于 ρ,这就是所谓的频率稳定性,它表明数 ρ 是事件 A 本身客观存在的一种固有属性,因此数 ρ 可以对事件 A 发生的可能性大小进行度量.

定义2(概率的统计定义) 当试验次数 N 充分大时,事件 A 的频率 $f_N(A)$ 总在区间 $[0,1]$ 上的某个定数 ρ 附近波动,且随着试验次数 N 的增加,其波动的幅度越来越小,则称 ρ 为事件 A 的概率,记为 $P(A)$ 即 $P(A)=\rho$.

任一事件 A 的概率是客观存在的. 在实际问题中,往往不知 $P(A)$ 为何值,这时可取当试验次数 N 充分大时事件 A 发生的频率作为它的近似值. 这正是该定义的优点.

由概率的统计定义和频率的性质,易知概率具有如下性质:

(1) $0 \leqslant P(A) \leqslant 1$.

(2) $P(\Omega) = 1, P(\varnothing) = 0$.

(3)① $P(A \cup B) = P(A) + P(B) - P(AB)$.

②若事件 A 与 B 互不相容,则 $P(A + B) = P(B)$.

③若事件 $A_1, A_2, \cdots, A_n$ 两两互不相容,则

$$P(A_1 + A_2 + \cdots + A_n) = P(A_1) + P(A_2) + \cdots + P(A_n).$$

(4) $P(A) = 1 - P(\overline{A})$.

(5)若事件 $A \subset B$, 则 $P(B - A) = P(B) - P(A)$.

性质(3)称为概率的加法公式.

【例 4-1-4】 某人计划外出旅游两天,据天气预报,第一天下雨的概率为 0.7,第二天下雨的概率为 0.4,两天都下雨的概率为 0.3,试求:

(1)第一天下雨而第二天不下雨的概率;

(2)至少有一天下雨的概率;

(3)两天都不下雨的概率.

解:设 $A_i = \{$第 i 天下雨$\}$ $(i = 1,2)$, 则

$P(A_1) = 0.7, P(A_2) = 0.4, P(A_1A_2) = 0.3$.

(1)设 $B = \{$第一天下雨而第二天不下雨$\}$,由

$B = A_1\overline{A_2} = A_1 - A_2 = A_1 - A_1A_2$,且 $A_1A_2 \subset A_1$, 得

$$\begin{aligned} P(B) &= P(A_1 - A_1A_2) = P(A_1) - P(A_1A_2) \\ &= 0.7 - 0.3 = 0.4. \end{aligned}$$

(2)设 $C = \{$至少有一天下雨$\}$,由 $C = A_1 \cup A_2$, 得

$$\begin{aligned} P(C) &= P(A_1 \cup A_2) = P(A_1) + P(A_2) - P(A_1A_2) \\ &= 0.7 + 0.4 - 0.3 = 0.8. \end{aligned}$$

(3)设 $D = \{$两天都不下雨$\}$,由 $D = \overline{A_1 \cup A_2}$,得

$$\begin{aligned} P(D) &= P(\overline{A_1 \cup A_2}) = 1 - P(A_1 \cup A_2) \\ &= 1 - 0.8 = 0.2. \end{aligned}$$

4.1.2.2 古典概型

定义 3 若随机试验 E 满足下列条件:

(1)样本空间只有有限个样本点,即

$$\Omega = \{\omega_1, \omega_2, \cdots, \omega_n\}$$

(2)每个样本点发生的可能性相同,即

$$P(\omega_1) = P(\omega_2) = \cdots = P(\omega_n)$$

则称此试验为古典试验.

在古典概型中,由于基本事件是互不相容的,则

$$P(\omega_2) + P(\omega_3) + \cdots + P(\omega_n) = P(\Omega) = 1$$

再由(2),得

$$P(\omega_i) = \frac{1}{n} \quad (i = 1,2,\cdots,n)$$

若事件 A 包含了 k 个基本事件,即 $A = \{\omega_1, \omega_2, \cdots, \omega_{i_k}\}$, 则

$$P(A)=P(\omega_{i_1})+P(\omega_{i_2})+\cdots+P(\omega_{i_k})$$
$$=\frac{k}{n}=\frac{A\text{所包含的基本事件数}}{\Omega\text{中基本事件总数}} \tag{4-1-1}$$

古典概型中事件的概率称为古典概率,其计算的关键在于正确利用排列、组合及乘法原理、加法原理的知识计算基本事件总数及事件 A 包含的基本事件数.

【例 4-1-5】 10 根水管中有 3 根是次品,将这 10 根水管任意连接起来,求 3 根次品相邻连接在一起的概率.

解:设 $A=\{3$ 根次品相邻连接在一起$\}$,基本事件总数为 $10!$,事件 A 包含的基本事件数为 $3!\cdot 8!$,所以

$$P(A)=\frac{3!\cdot 8!}{10!}=\frac{1}{15}=0.0667$$

4.1.2.3 条件概率

在实际问题中,往往需要计算在某个事件,B 已发生的条件下,另一事件 A 发生的概率,称此概率为事件 B 已发生的条件下发生事件 A 的条件概率,记为 $P(A|B)$.

【例 4-1-6】 从一批由 90 件正品、10 件次品组成的产品中,无放回地抽取两次,每次 1 个。

(1)求第二次取到次品的概率.

(2)已经知道第一次取到的是次品,求第二次也取到次品的概率.

解:设 $A=\{$第二次取到次品$\}$

$B=\{$第一次取到次品$\}$

(1) $P(A)=\dfrac{P_{99}^1P_{10}^1}{P_{100}^2}=\dfrac{1}{10}$.

(2) $P(A|B)=\dfrac{9}{99}=\dfrac{1}{11}$.

显然,$P(A|B)\neq P(A)$,这是因为限制在 B 已发生的条件下求 A 的概率的缘故,另外,上例中有

$$P(B)=\frac{10}{100}=\frac{1}{10}$$

则

$$P(AB)=\frac{P_{10}^2}{P_{100}^2}=\frac{1}{110}$$

$$P(A|B)=\frac{P(AB)}{P(B)}=\frac{1}{11}$$

一般地,上式也是成立的.

4.1.2.4 乘法公式

设有事件 A 和 B,若 $P(A)>0$,或 $P(B)>0$,则有概率的乘法公式

$$P(AB)=P(A)P(B|A)$$
$$P(AB)=P(B)P(A|B)$$

一般地,设有事件 $A_1,A_2,\cdots,A_n$, 如果 $P(A_1A_2\cdots A_{n-1})>0$, 则有

$$P(A_1A_2\cdots A_n)=P(A_1)P(A_2|A_1)P(A_3|A_1A_2)\cdots P(A_n|A_1A_2\cdots A_{n-1})$$

【例 4-1-7】 已知某种水泥强度能达到 $500^{\#}$ 的概率为 0.9,能达到 $600^{\#}$ 的概率为 0.4,现

取一水泥块进行强度试验,已达到500#标准而未被破坏,求其能达到600#的概率.

解:设A = {试块强度达到500#}

B = {试块强度达到600#}

有 $B \subset A, AB = B$, 则所求概率为

$$P(B|A) = \frac{P(AB)}{P(A)} = \frac{P(B)}{P(A)} = \frac{0.5}{0.9} = \frac{5}{9}$$

【**例** 4-1-8】 100 根钢筋中有 10% 的次品,从中不放回地抽取 3 次,每次 1 根,求第 3 次才取到次品的概率.

解:设 A_i = {第 i 次取到合格品}, $i = 1,2,3$, 则所求概率为

$$P(A_1A_2\overline{A_3}) = P(A_1)P(A_2|A_1)P(\overline{A_3}|A_1A_2) = \frac{90}{100} \times \frac{89}{99} \times \frac{10}{98} = 0.082\ 6$$

4.1.2.5 全概率公式

定理 1 设 B 为一事件,事件组 $A_1, A_2, \cdots, A_n$ 满足

(1) $A_1, A_2, \cdots, A_n$ 两两互不相容,且 $P(A_i) > 0, i = 1,2,\cdots,n$.

(2) $B \subset A_1 + A_2 + \cdots + A_n$.

则有全概率公式

$$\begin{aligned} P(B) &= P(BA_1 + BA_2 + \cdots + BA_n) \\ &= P(A_1)P(B|A_1) + P(A_2)P(B|A_2) + \cdots + P(A_n)P(B|A_n) \\ &= \sum_{i=1}^{n} P(A_i)P(B|A_i) \end{aligned} \tag{4-1-2}$$

证明:由定理条件,有

$$\begin{aligned} B &= B(A_1 + A_2 + \cdots + A_n) \\ &= BA_1 + BA_2 + \cdots + BA_n \end{aligned}$$

由概率的加法公式与乘法公式,有

$$\begin{aligned} P(B) &= P(BA_1 + BA_2 + \cdots + BA_n) \\ &= P(BA_1) + P(BA_2) + \cdots + P(BA_n) \\ &= P(A_1)P(B|A_1) + P(A_2)P(B|A_2) + \cdots + \\ &\quad P(A_n)P(B|A_n) \end{aligned}$$

全概率公式的实质是把一个复杂事件的概率化为若干个简单事件的概率之和,应用时,特别地可使 $A_1, A_2, \cdots, A_n$ 满足:

(1) $A_iA_j = \Phi, i \neq j, i = 1,2,\cdots,n$;

(2) $A_1 \cup A_2 \cup \cdots \cup A_n = \Omega$

【**例** 4-1-9】 某混凝土制品厂共有 3 条生产预应力空心板的生产线,各条生产线的产量分别占全厂的 30%,20%,40%,次品率分别为 3%,2%,2%,求全厂生产的预定应力空心板的次品率.

解:从该厂任取一块空心板,设 B = {取得的产品为次品}, A_i = {取得的产品为第 i 条生产线的}(i=1,2,3). 显然, A_1, A_2, A_3 两两互不相容,且 $A_1 + A_2 + A_3 = \Omega$, 由全概率公式得

$$P(B) = \sum_{i=1}^{3} P(A_i)P(B|A_i)$$

$$= \frac{30}{100} \cdot \frac{3}{100} + \frac{20}{100} \cdot \frac{2}{100} + \frac{50}{100} \cdot \frac{2}{100} = 0.023$$

即全厂生产的预应力板的次品率为 2.3%.

【例 4-1-10】 A_0, A_1, A_2, A_3, A_4 概率如表 4-1-2 所示.

表 4-1-2

一批产品的次品数	0	1	2	3	4
概率	0.1	0.2	0.4	0.2	0.1

现进行抽样检验,从每批中任取 10 件来检验,若发现其中有次品,则认为该批产品不合格,求一批产品通过检验的概率.

解:设 $B = \{$一批产品通过检验$\}$, $A_i = \{$一批产品中含有 i 个次品$\}$, $i=0,1,2,3,4$. 显然 A_0, A_1, A_2, A_3, A_4 两两互不相容,且由于

$$A_0 + A_1 + A_2 + A_3 + A_4 = \Omega$$

$$P(A_0) = 0.1, P(B|A_0) = 1$$

$$P(A_1) = 0.2, P(B|A_1) = \frac{c_{99}^{10}}{c_{100}^{10}} = 0.900$$

$$P(A_2) = 0.4, P(B|A_2) = \frac{c_{98}^{10}}{c_{100}^{10}} = 0.809$$

$$P(A_3) = 0.2, P(B|A_3) = \frac{c_{97}^{10}}{c_{100}^{10}} = 0.727$$

$$P(A_4) = 0.1, P(B|A_4) = \frac{c_{96}^{10}}{c_{100}^{10}} = 0.652$$

$$\begin{aligned} P(B) &= \sum_{i=0}^{4} P(A_i)P(B|A_i) \\ &= 0.1 \times 1 + 0.2 \times 0.900 + 0.4 \times 0.809 + \\ &\quad 0.2 \times 0.727 + 0.1 \times 0.652 \\ &= 0.814 \end{aligned}$$

4.1.2.6　贝叶斯公式

在例 4-1-10 中,即使通过了检验的一批产品中可能含有 $i(i=0,1,2,3,4)$ 次品,就顾客而言,希望所买的每批产品中含次品少的概率要大,即 $P(A_1|B)$ $(i=0,1,2,3,4)$ 中最大的一个所对应的 i 越小越好.

定理 2　设 B 为一事情, $P(B) > 0$;事件组 $A_1, A_2, \cdots, A_n$ 满足:

(1) $A_1, A_2, \cdots, A_n$ 两两互不相容,且 $P(A_1) > 0, i = 1,2,\cdots,n$;

(2) $B \subset A_1 + A_2 + \cdots + A_n$.

则有贝叶斯公式

$$P(A_i|B) = \frac{P(A_iB)}{P(B)} = \frac{P(A_i)P(B|A_i)}{\sum_{i=1}^{n} P(A_i)P(B|A_i)} \quad (i = 1,2,\cdots,n) \tag{4-1-3}$$

证明:由乘法公式

$$P(A_i|B) = P(A_i)P(B|A_i) \quad (i = 1,2,\cdots,n)$$

及全概率公式

$$P(B) = \sum_{i=1}^{n} P(A_i)P(B|A_i)$$

得

$$P(A_i|B) = \frac{P(A_i)P(B|A_i)}{\sum_{i=1}^{n} P(A_i)P(B|A_i)} \quad (i = 1,2,\cdots,n)$$

【例 4-1-11】 在例 4-1-10 中,如果某批产品通过了检验,问该批产品中恰有 2 个次品的概率是多少?

解:仍采用例 4-1-10 中的记号,现在要计算条件概率 $P(A_2 | B)$ 。由贝叶斯公式,得 $P(A_2 | B) = 0.398$。

习题 4-1

1. 从一批灯泡中任取一只,测试它的寿命,设 $A =$ {寿命大于 2 000 h},$B =$ {寿命大于 3 000 h},$C =$ {寿命不小于 2 000 h}。试用集合的形式表示 A,B,C,并指出它们的关系。

2. 在某校的学生中任选一位学生,设 $A =$ {被选学生是男生},$B =$ {被选学生是三年级学生},$C =$ {被选学生是戴眼镜的}.

(1)写出事件 $AB\overline{C}$ 的意义;

(2)在什么条件下 $ABC = C$?

(3)什么时候关系 $C \subset B$ 是正确的?

(4)什么时候 $\overline{A} = B$ 成立?

3. 设 A,B,C 为三个事件,利用 A,B,C 表示下列事件:

(1)A 与 B 都发生,C 不发生;

(2)A 与 B 都不发生,C 发生;

(3)A,B,C 都发生;

(4)A,B,C 都不发生;

(5)A,B,C 不都发生;

(6)A,B,C 中至少有一个发生;

(7)A,B,C 中不多于一个发生;

(8)A,B,C 中至少有两个发生.

4. 向指定的目标射三枪,以 A_i 表示事件"第 i 枪击中目标",$i=1,2,3$,试用 A_1,A_2,A_3 表示以下各事件:

(1)只击中第一枪;

(2)只击中一枪;

(3)三枪都未击中;

(4)至少击中一枪.

5. 从一批由 36 件正品、4 件次品组成的产品中任取 3 件产品,求

(1)3 件中恰有 1 件次品的概率；

(2)3 件全是正品的概率；

(3)3 件中至少有 1 件次品的概率；

(4)3 件中至少有 2 件次品的概率.

6. 用 4 个螺栓将“牛腿”连在钢柱上来承受压力，现有 40 个螺栓，其中混有 4 个强度较弱的，如取的 4 个螺栓中，有 2 个或 2 个以上是强度较弱的，则“牛腿”的承载力不够，问取出的 4 个螺栓使“牛腿”有足够承载力的概率是多少？

7. 有 8 个零件，其中有 2 个次品，有放回地取两次，每次 1 个，求

(1) 两次都取得正品的概率；

(2) 第一次取得正品、第二次取得次品的概率；

(3) 一次取得正品、一次取得次品的概率；

(4) 第一次取得正品的概率.

8. 某建筑群中有 60% 的建筑面积需要恒温空调，有 30% 的建筑面积需要洁净空调，现已知总空调面积占建筑面积的 80%，求既需要恒温空调又需要洁净空调的面积.

9. 根据长久的气象记录，知道甲乙两城市一年中雨天占的比例分别为 30% 与 40%，两地同时下雨占的比例为 18%，求：

(1) 乙市为雨天时，甲市也为雨天的概率；

(2) 甲乙两市至少有一个为雨天的概率.

10. 某地有 20 口水井，其中有 6 口水井受到严重污染，今有某环保局对该地水井污染情况进行调查，他们依次对每口水井进行检查，求第四次才检查到受到严重污染的水井的概率。

11. 某仓库中有 10 箱同类产品，其中有 4 箱、4 箱、1 箱依次是甲、乙、丙厂生产的，且甲、乙、丙生产的该种产品的次品率依次为 $\frac{1}{100}$、$\frac{2}{100}$、$\frac{4}{100}$，从这 10 箱产品中任选一箱，再从这箱中任取一件产品，若取的是次品，求它是甲厂生产的概率.

12. 在 11 题中，从 10 箱产品中任选一箱，再从这箱中任取一件产品，若取的是次品，求它是甲厂生产的概率.

13. 已知一批产品中 96% 是合格品，检查产品时，一个合格品被误认为是次品的概率是 0.02，一个次品被误认为是合格品的概率是 0.04，求一个产品在被检查后认为是合格品的概率.

14. 在 13 题中，求在被检查后认为是合格品的产品确实是合格品的概率.

15. 电路由两个并联电池 A 与 B，再与电池 C 串联，已知电池 A、B、C 损坏的概率分别为 0.2、0.3、0.3，求电路因电池损坏而发生间断的概率.

16. 设每个元件的可靠度均为 $r(0<r<1)$，求下列系统的可靠度(见图 4-9).

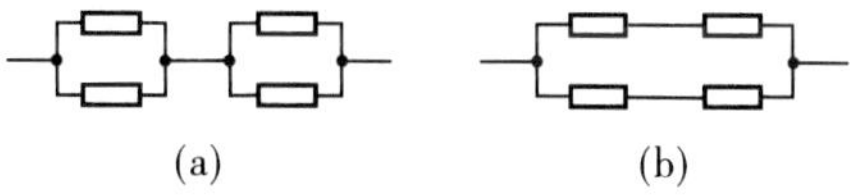

图 4-9

17. 某工人看管甲、乙、丙三台机床，在 1 小时内，这三台机床不需照管的概率分别为 0.8、0.9、0.6，设三台机床是否需要照管是相互独立的，求在 1 h 内

(1) 有机床需要工人照管的概率；

(2)至少有两台机床需要工人照管的概率.

18. 某建筑工地有一项工程由三个工作互相独立的不同工种的班组施工,各个班组以往按期交工的概率分别为0.89、0.96、0.97,按照施工组织计划及可采取的措施,如果一个班组按期交工,工程按期完工的概率为0.3,两个班组按期交工,工程按期完工的概率为0.84,求工程按期完工的概率.

4.2 随机变量

实验结构有数字型和非数字型。数字型:降雨量、上车人数等;非数字型:晴天/阴天/下雨、化验结果阴性/阳性等.为了将随机事件数量化,从而引入随机变量的概念.

4.2.1 随机变量及其分布

4.2.1.1 随机变量的定义

随机试验样本空间 S,如果 $X = X(e)$ 为定义在 S 上的实数单值函数,则称 $X(e)$ 为随机变量,简写为 X.

补充:随机变量 $X(e): S \to R$ 的映射关系.随机变量实质是一个函数.

一般用大写字母 X、Y、Z 或者希腊字母 ξ, η 等表示随机变量.

事件表示:$A = \{e: X(e) \in I\} = \{X \in I\}, I \in RA = \{e: X(e) \in I\} = \{X \in I\}, I \in R$.

随机变量的类型:离散型随机变量、连续型随机变量.

4.2.1.2 常用的离散型随机变量及其概率分布

定义:如果随机变量 X 的取值为有限个,或者可数个,则称 X 为离散型随机变量。

1. (0—1)分布[伯努利分布(Bernoulli distribution)、两点分布]

如果随机变量 X 只可能取0与1两个值,其概率分布为:

$$P\{X = 0\} = 1 - p, P\{x = 1\} = p \quad (0 < p < 1) \tag{4-2-1}$$

或写成

$$P\{X = k\} = p^k (1 - p)^{1-k} \quad (k = 0, 1, 0 < p < 1) \tag{4-2-2}$$

则称随机变量 X 服从(0—1)分布或两点分布.它的概率分布也可以写成

X	0	1
P	$1 - p$	p

2. 二项分布

在 n 重伯努利试验中,如果以 X 表示事件 A 出现的次数,则 X 是一个离散型随机变量,它的所有可能取值是 $1, 1, 2, \cdots, n$. 设 $P(A) = p(0 < p < 1)$。典型例子是扔硬币,硬币正面朝上概率为 p, 重复扔 n 次硬币,k 次为正面的概率即为一个二项分布概率.

3. 多项式分布

把二项分布公式再推广,就得到了多项分布。比如扔骰子,不同于扔硬币,骰子有6个面,对应6个不同的点数,这样单次每个点数朝上的概率都是1/6.

4. 几何分布

设试验 E 只有两个可能的对立的结果 A 及 $\overline{A}$,并且 $P(A) = p, P(\overline{A}) = 1 - p$, 其中0<

$p<1$. 将试验 E 独立地重复进行下去，直到事件 A 发生为止. 如果以 X 表示所需要的试验次数，则 X 是一个随机变量，它可能取的值是 1,2,3,…. 由于事件 $\{X=k\}$ 表示前 $k-1$ 次试验中事件 A 都没有发生，而在第 k 次试验中事件 A 发生，因此

$$P\{X=k\}|=(1-p)^{k-1}p \quad (k=1,2,\cdots) \tag{4-2-3}$$

我们称随机变量 X 服从几何分布.

5. 泊松分布

设随机变量 X 的所有可能取值为 0,1,2,…，并且

$$P\{X=k\}|=\frac{\lambda^k e^{-\lambda}}{k!}, k=0,1,2,\cdots \tag{4-2-4}$$

其中 $\lambda>0$ 是常数，则称随机变量 X 服从参数为 λ 的泊松分布，记作 $X\sim\pi(\lambda)$. 易知

$$\frac{\lambda^k e^{-\lambda}}{k!}>0 \quad (k=0,1,2,\cdots) \tag{4-2-5}$$

$$\sum_{k=0}^{\infty}\frac{\lambda^k e^{-\lambda}}{k!}=e^{-\lambda}\sum_{k=0}^{\infty}\frac{\lambda^k}{k!}=e^{-\lambda}\cdot e^{\lambda}=1 \tag{4-2-6}$$

在实际问题中，经常会遇到服从泊松分布的随机变量. 例如，在一个长为 τ 的时间间隔内某电话交换台收到的电话呼叫次数，某医院在一天内来急诊的病人数，某一本书的一页中的印刷错误数等，都服从泊松分布.

4.2.1.3　连续型随机变量及其概率密度

1. 均匀分布

设连续型随机变量 X 的概率密度为

$$f(x)=\begin{cases}\dfrac{1}{b-a} & a<x<b\\ 0 & 其他\end{cases} \tag{4-2-7}$$

则称 X 在区间 $[a,b]$ 上服从均匀分布. X 的分布函数为

$$F(x)=\begin{cases}0 & x<a\\ \dfrac{x-a}{b-a} & a\leqslant x<b\\ 1 & b\leqslant x\end{cases} \tag{4-2-8}$$

X 的概率密度和分布函数的图形分别如图 4-2-1、图 4-2-2 所示.

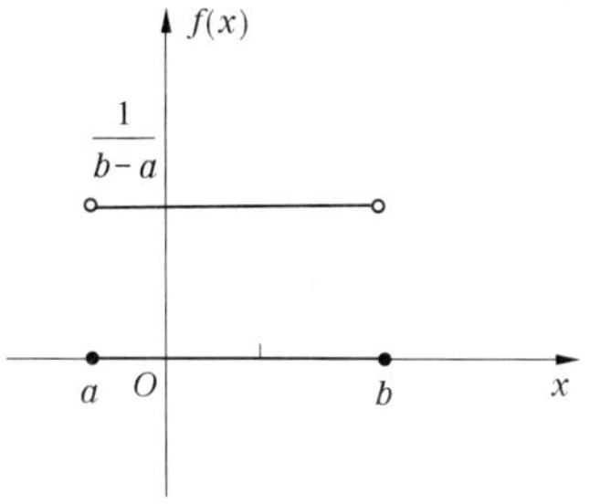

图 4-2-1

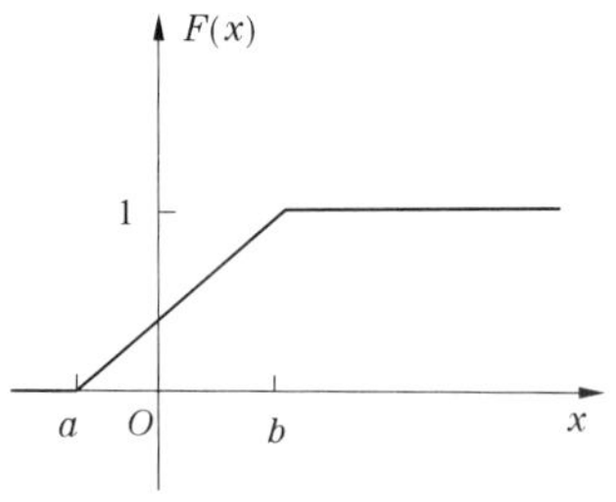

图 4-2-2

2. 指数分布

设连续型随机变量 X 具有概率密度

$$f(x)=\begin{cases}\dfrac{1}{\theta}e^{-\frac{x}{\theta}} & x>0\\ 0 & x\leqslant 0\end{cases} \tag{4-2-9}$$

其中 $\theta>0$ 是常数,则称 X 服从参数为 θ 的指数分布. X 的分布函数为

$$F(x)=\begin{cases}1-e^{-\frac{x}{\theta}} & x>0\\ 0 & x\leqslant 0\end{cases} \tag{4-2-10}$$

X 的概率密度及分布函数的图形分别如图 4-2-3、图 4-2-4 所示。

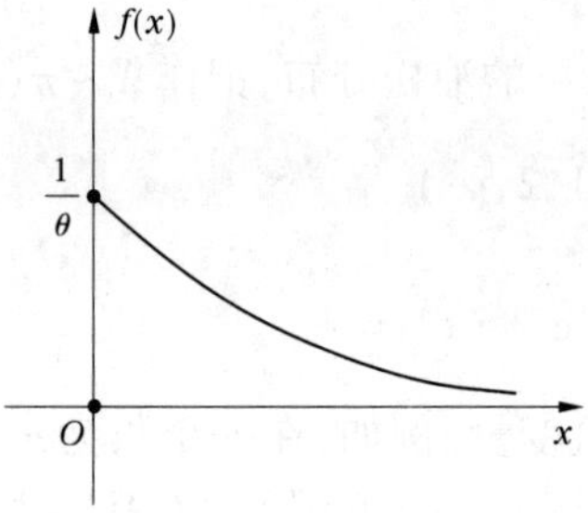

图 4-2-3

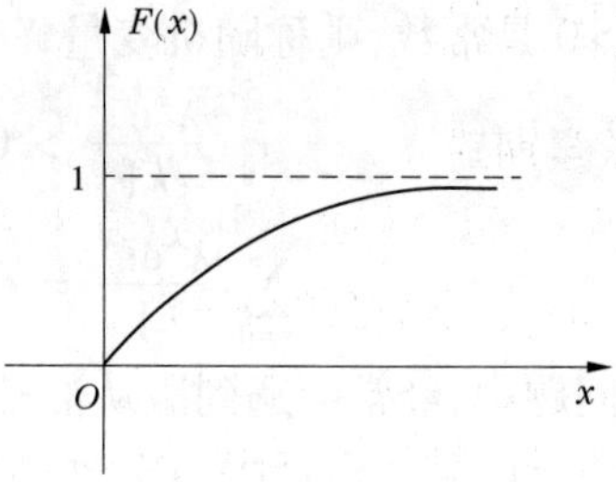

图 4-2-4

实际问题中的许多随机变量,例如电子元件的寿命、旅客在车站售票处购买车票需要等待的时间等都可以看成是服从指数分布.

4.2.2 正态分布

设随机变量 X 具有概率密度

$$f(x)=\frac{1}{\sqrt{2\pi}\sigma}e^{-\frac{(x-\mu)^2}{2\sigma^2}}\quad(-\infty<x<+\infty) \tag{4-2-11}$$

其中 $\mu,\sigma(\sigma>0)$ 为常数,则称 X 服从参数为 μ,σ 的正态分布,记作 $X\sim N(\mu,\sigma^2)$. X 的分布函数为

$$F(x)=\frac{1}{\sqrt{2\pi}\sigma}\int_{-\infty}^{x}e^{-\frac{(x-\mu)^2}{2\sigma^2}}dx \tag{4-2-12}$$

它们的图形分别如图 4-2-5、图 4-2-6 所示.

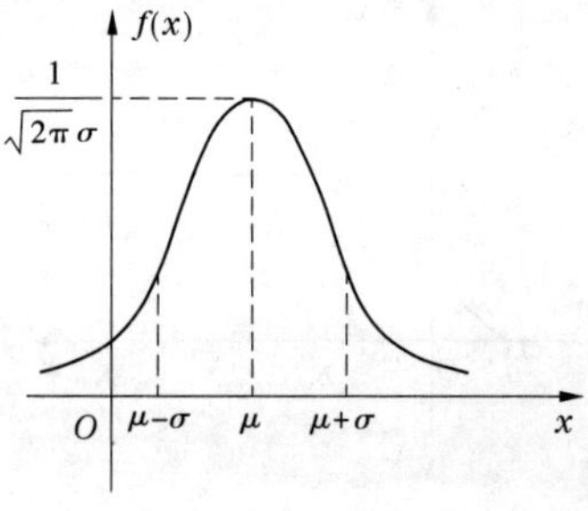

图 4-2-5

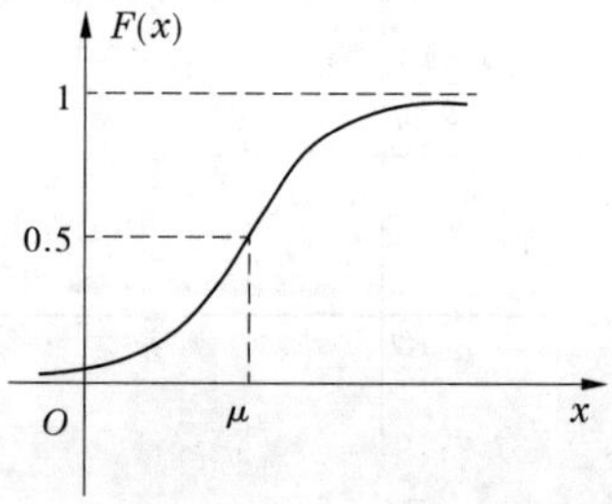

图 4-2-6

容易看到概率密度曲线 $y = f(x)$ 关于直线 $x = \mu$ 对称,并在 $x = \mu$ 处取得最大值 $\frac{1}{\sqrt{2\pi}\sigma}$,在横坐标 $x = \mu \pm \sigma$ 处有拐点,以 x 轴为水平渐近线.

如果 $\mu = 0, \sigma = 1$,则称 X 服从标准正态分布,记作 $X \sim N(0,1)$. 它的概率密度及分布函数分别记作 $\varphi(x)$ 与 $\Phi(x)$,即

$$\varphi(x) = \frac{1}{\sqrt{2\pi}} e^{-\frac{x^2}{2}} \quad (-\infty < x < +\infty) \tag{4-2-13}$$

$$\Phi(x) = \frac{1}{\sqrt{2\pi}} \int_{-\infty}^{x} e^{-\frac{x^2}{2}} dx \tag{4-2-14}$$

4.2.3　随机变量的数字特征

4.2.3.1　数学期望

在科学和工程技术研究中,许多实际问题归结成的数学模型往往非常复杂,难以求得其精确解释,这时我们就必须采用近似方法. 在今天,随着计算机的广泛应用,熟练地运用计算机进行科学计算已成为工程技术人员的一项基本技能,这就要求人们去掌握适应于计算机使用的数值计算方法,求出问题的数值解答,本章将着重介绍高等数学范围内的数值计算方法.

定义 1　设离散型随机变量 X 的分布律为

$$P\{X = x_k\} = p_k \quad (k = 1,2,\cdots) \tag{4-2-15}$$

若级数 $\sum_{k=1}^{\infty} x_k$ 绝对收敛,则称级数 $C\sum_{k=1}^{\infty} x_k$ 为随机变量 X 的数学期望,简称为期望或均值,记为 $E(X)$, 即

$$E(X) = \sum_{k=1}^{\infty} x_k \tag{4-2-16}$$

【例 4-2-1】　一批产品中有一、二、三等品,相应的概率为 0.85、0.1 及 0.05,若一、二、三等品的销售价值分别为 7 元、6.50 元、6.20 元,求产品的销售价.

解:设 X 表示产品的销售价,则分布律为

X	7	6.50	6.20
P	0.85	0.1	0.05

所以

$$\begin{aligned} E(X) &= 7 \times 0.85 + 6.50 \times 0.1 + 6.20 \times 0.05 \\ &= 6.91(\text{元}) \end{aligned}$$

定义 2　设连续型随机变量 X 的分布密度为 $f(x)$,若积分 $\int_{-\infty}^{+\infty} xf(x)dx$ 绝对收敛,则称此积分为随机变量 X 的数学期望,记作 $E(X)$,即

$$E(X) = \int_{-\infty}^{+\infty} xf(x)dx \tag{4-2-17}$$

【例 4-2-2】　已知某电子元件的寿命服从参数为 $\lambda = 0.001$ 的指数分布(单位:h),即

$$f(x)=\begin{cases}\lambda e^{-\lambda x}, & x\geqslant 0\\ 0, & x<0\end{cases}$$

求这类电子元件的平均寿命 $E(X)$.

解:由定义 2 有

$$\begin{aligned}E(X)&=\int_{-\infty}^{+\infty}xf(x)\mathrm{d}x\\&=\int_{0}^{+\infty}x\lambda e^{-\lambda x}\mathrm{d}x\\&=-\left[xe^{-\lambda x}+\frac{1}{\lambda}e^{-\lambda x}\right]_0^{+\infty}\\&=\frac{1}{\lambda}\end{aligned}$$

又因为 $\lambda=0.001$,故 $E(X)=\frac{1}{0.001}=1\,000(\mathrm{h})$,即这类电子元件的平均寿命为 1 000 h.

【例 4-2-3】 设 $X\sim N(\mu,\sigma^2)$,求 $E(X)$.

解:X 的分布密度为

$$f(x)=\frac{1}{\sqrt{2\pi}\sigma}e^{-\frac{(x-\mu)^2}{2\sigma^2}}\quad(-\infty<x<+\infty)$$

所以

$$\begin{aligned}E(X)&=\int_{-\infty}^{+\infty}x\frac{1}{\sqrt{2\pi}\sigma}e^{-\frac{(x-\mu)^2}{2\sigma^2}}\mathrm{d}x\\&\xlongequal{x-\mu=t}\int_{-\infty}^{+\infty}(t+\mu)\frac{1}{\sqrt{2\pi}\sigma}e^{-\frac{t^2}{2\sigma^2}}\mathrm{d}t\\&=\int_{-\infty}^{+\infty}t\frac{1}{\sqrt{2\pi}\sigma}e^{-\frac{t^2}{2\sigma^2}}\mathrm{d}t+\mu\int_{-\infty}^{+\infty}\frac{1}{\sqrt{2\pi}\sigma}e^{-\frac{t^2}{2\sigma^2}}\mathrm{d}t\end{aligned}$$

上式右边第一项中的被函数是奇函数,积分值为零,则第二项中的积分

$$\int_{-\infty}^{+\infty}\frac{1}{\sqrt{2\pi}\sigma}e^{-\frac{t^2}{2\sigma^2}}\mathrm{d}t=1$$

所以

$$E(X)=\mu$$

由此可见,正态分布中的参数 μ,恰好是随机变量的数学期望.

在实际问题与理论研究中,经常需要求随机变量的函数的数学期望,例如飞机机翼受到压力 $Y=kX^2$(X 为风速,$k>0$ 为常数)的作用,需要求 Y 的数学期望,这里 Y 是随机变量 X 的函数,这时,可以通过下面的定理来确定 Y 的函数期望.

定理 设 Y 是随机变量 X 的函数,即 $Y=g(X)$(g 是连续函数)

1. 如果 X 是离散型随机变量,其分布律为

$$P\{X=x_k\}=p_k\quad(k=1,2,\cdots),$$

且级数 $\sum_{k=1}^{\infty}g(x_k)p_k$ 绝对收敛,则有

$$E(Y) = E(g(x)) = \sum_{k=1}^{\infty} g(x_k)p_k$$

2. 如果 X 是连续型随机变量，其概率密度为 $f(x)$，且积分 $\int_{-\infty}^{+\infty} g(x)f(x)\mathrm{d}x$ 绝对收敛，则有

$$E(Y) = E(g(x)) = \int_{-\infty}^{+\infty} g(x)f(x)\mathrm{d}x$$

【例 4-2-4】 设随机变量 X 的分布律为

X	-1	1	3	5
Y	0.1	0.3	0.4	0.2

且 $Y_1 = 2X + 1, Y_2 = X^2$，求 $E(Y_1)$ 和 $E(Y_2)$.

解法 1：

$$E(Y_1) = -1 \times 0.1 + 1 \times 0.3 + 3 \times 0.4 + 5 \times 0.2 = 2.4$$
$$E(Y_2) = 0 \times 0.3 + 1 \times 0.5 + 4 \times 0.2 = 1.3$$

解法 2：

$$\begin{aligned} E(Y_1) &= E(2X+1) \\ &= [2\times(-1)+1]\times 0.1 + [2\times 0+1]\times 0.3 + \\ &\quad [2\times 1+1]\times 0.4 + [2\times 2+1]\times 0.2 \\ &= 2.4 \end{aligned}$$

$$E(Y_2) = E(X^2) = (-1)^2 \times 0.1 + 0^2 \times 0.3 + 1^2 \times 0.4 + 2^2 \times 0.2 = 1.3$$

4.2.3.2 数学期望的性质

性质 1 若 C 为常数，则 $E(C) = C$.

性质 2 若 k 为常数，则 $E(kX) = kE(X)$.

性质 3 若 a,b 为常数，则 $E(aX + bY) = aE(X) + bE(Y)$.

以上性质均可根据数学期望的定义及二维随机变量的分布加以推导.

4.2.3.3 方差与标准差

在实际问题中，只知道随机变量的数学期望往往是不够的，例如，有两批同型号的灯泡，每批各抽十只，测得它们的使用数据如下（单位：h）

第一批	960	1 034	960	984	1 000	1 036	992	1 032	1 025	983
第二批	930	1 220	655	1 342	654	942	680	1 146	1 352	1 051

这两批灯泡的平均寿命都是 1 000 h，但是第一批灯泡的寿命与平均寿命的偏差较小，质量较稳定，第二批灯泡的寿命与平均寿命偏差较大，质量不够稳定. 由此可见，在实际问题中，除了要了解随机变量的数学期望，一般还要知道随机变量取值与其数学期望的偏离程度，研究随机变量与其均值的偏离程度是十分必要的. 那么如何去度量随机变量的取值与其数学变量的偏离程度呢？自然可以用

$$E\{|X - E(X)|\}$$

来度量，但由于上式带有绝对值，计算不方便，因此通常用

$$E\{[X - E(X)]^2\}$$

来度量随机变量 X 与其均值 $E(X)$ 的偏离程度.

1. 方差的定义

设 X 是一个随机变量,若 $E\{[X-E(X)]^2\}$ 存在,则称 $E\{[X-E(X)]^2\}$ 为 X 的方差,记为 $D(X)$,即

$$D(X) = E\{[X-E(X)]^2\} \tag{4-2-18}$$

在应用上,还引入与随机变量 X 具有相同量纲的量 $\sqrt{D(X)}$,记为 $\sigma(X)=\sqrt{D(X)}$,称为 X 的标准差或均方差。

按定义,随机变量 X 的方差表达了 X 的取值与其数学期望的偏离程度. 若 X 取值比较集中,则 $D(X)$ 较小;反之,若 X 取值比较分散,则 $D(X)$ 是刻画 X 取值分散程度的一个量,是衡量 X 取值分散程度的一个尺度.

因此方差实际上就是随机变量 X 的函数

$$g(X) = [X-E(X)]^2$$

的数学期望,于是对于离散型随机变量,有

$$D(X) = \sum_{k=1}^{\infty}[x_k - E(X)]^2 p_k \tag{4-2-19}$$

其中,$P\{X=x_k\}p_k(k=1,2,\cdots)$ 是 X 的分布律.

对于连续型随机变量,有

$$D(X) = \int_{-\infty}^{+\infty}[x-E(X)]^2 f(x)\mathrm{d}x \tag{4-2-20}$$

其中,$f(x)$ 是 X 分布密度函数.

在实际计算方差时,常利用下面的一个重要公式

$$D(X) = E(X^2) - [E(X)]^2 \tag{4-2-21}$$

事实上,由于 $E(X)$ 是一个常数,所以

$$\begin{aligned} D(X) &= E\{[X-E(X)]^2\} \\ &= E\{X^2 - 2XE(X) + [E(X)]^2\} \\ &= E(X^2) - 2E(X)E(X) + [E(X)]^2 \\ &= E(X^2) - [E(X)]^2 \end{aligned}$$

【例 4-2-5】 计算引例中所举的第一批、第二批灯泡的方差 $D(X_1)$ 与 $D(X_2)$.

解:

$$E(X_1) = E(X_2) = 1\,000$$

$$D(X_1) = [960-1\,000]^2\times\frac{1}{10} + [1\,034-1\,000]^2\times\frac{1}{10}+\cdots+$$

$$[983-1\,000]^2\times\frac{1}{10} = 791$$

$$D(X_2) = [930-1\,000]^2\times\frac{1}{10} + [1\,220-1\,000]^2\times\frac{1}{10}+\cdots+$$

$$[1\,051-1\,000]^2\times\frac{1}{10} = 6\,625.9$$

因为 $D(X_1)<D(X_2)$,于是可肯定,第一批灯泡比第二批灯泡的的质量稳定.

【例 4-2-6】 设随机变量 X 的分布密度为 $f(x)=\begin{cases}1+x, & -1\leqslant x<0 \\ 1-x, & 0\leqslant x<1 \\ 0, & \text{其他}\end{cases}$,求 $D(X)$.

解: $E(X) = \int_{-1}^{0} x(1+x)\mathrm{d}x + \int_{0}^{1} x(1-x)\mathrm{d}x$

$= 0$

$E(X^2) = \int_{-1}^{0} x^2(1+x)\mathrm{d}x + \int_{0}^{1} x^2(1-x)\mathrm{d}x$

$= \frac{1}{6}$

$$D(X) = E(X^2) - [E(X)]^2 = \frac{1}{6}$$

【例 4-2-7】 设 $X \sim N(\mu,\sigma^2)$,求 $D(X)$.

解:

$$E(X) = \mu$$

$$\begin{aligned} D(X) &= E[X - E(X)]^2 = E(X-\mu)^2 \\ &= \int_{-\infty}^{+\infty} (x-\mu)^2 \frac{1}{\sqrt{2\pi}\sigma} e^{-\frac{(x-\mu)^2}{2\sigma^2}} \mathrm{d}x \\ &\overset{\frac{x-\mu}{\sigma}=t}{=\!=\!=} \int_{-\infty}^{+\infty} \sigma^2 t^2 \frac{1}{\sqrt{2\pi}} e^{-\frac{t^2}{2}} \mathrm{d}t \\ &= \frac{\sigma^2}{\sqrt{2\pi}} \int_{-\infty}^{+\infty} t^2 e^{-\frac{t^2}{2}} \mathrm{d}t \\ &= -\frac{\sigma^2}{\sqrt{2\pi}} \int_{-\infty}^{+\infty} t e^{-\frac{t^2}{2}} \\ &= -\frac{\sigma^2}{\sqrt{2\pi}} \left\{ [te^{-\frac{t^2}{2}}]_{-\infty}^{+\infty} - \int_{-\infty}^{+\infty} e^{-\frac{t^2}{2}} \mathrm{d}t \right\} \\ &= -\frac{\sigma^2}{\sqrt{2\pi}} [0 - \sqrt{2\pi}] \\ &= \sigma^2 \end{aligned}$$

故正态分布中的参数 σ^2 恰好是随机变量的方差.

2. 方差的性质

性质 1　若 C 为常数,则 $D(C) = 0$.

性质 2　若 k 为常数,则 $D(kX) = k^2 D(X)$.

性质 3　若 a,b 为常数,X,Y 为两个独立随机变量,则 $D(aX + by) = a^2 D(X) + b^2 D(Y)$.

证明从略.

习题 4-2

1. 设随机变量 X 的分布密度

$$f(x) = \begin{cases} \frac{1}{\pi\sqrt{1-x^2}}, & -1 < x < 1 \\ 0, & \text{其他} \end{cases}$$

试求 $E(X)$,$D(X)$.

2. 已知随机变量 X 在 $(0,1)$ 上服从均匀分布,试求：①$E(\ln \frac{1}{x})$；

②$E(e^X)$；

③$E(\sin^2 \pi X)$

4.3 常见分布的数字特征及其应用举例

4.3.1 两点分布

设 X 的分布律为

X	1	0
P	p	$1-p$

则 X 的数学期望

$$E(X) = 1 \times p + 0 \times (1-p) = p$$

方差

$$\begin{aligned} D(X) &= E(X^2) - [E(X)]^2 \\ &= 1^2 \times p + 0^2 \times (1-p) - p^2 \\ &= p(1-p) \\ &= pq \quad (q = 1-p) \end{aligned}$$

4.3.2 二项分布

设 $X \sim B(n,p)$，若设 X 表示在 n 次独立重复试验中事件 A 发生的次数，记 $X_i(i=1,2,\cdots,n)$ 表示 A 在第 i 次试验中出现的次数，则有

$$X = \sum_{i=1}^{n} X_i \tag{4-3-1}$$

显然，这里 $X_i(i=1,2,\cdots,n)$ 服从两点分布，则分布率为

X_i	1	0
p	p	$1-p$

所以，$E(X_i)=p$.

由数学期望的性质，有

$$E(X) = E(\sum_{i=1}^{n} X_i) = \sum_{i=1}^{n} E(X_i) = np \tag{4-3-2}$$

即服从二项分布的变量的数学期望是二点分布变量的数学期望的 n 倍.

同样，由方差的性质，有

$$D(X) = \sum_{i=1}^{n} D(X_i) = npq \quad (q = 1-p) \tag{4-3-3}$$

即服从二项分布变量的方差是二点分布变量方差的 n 倍. 二项分布变量的均值与方差均取决于 p.

4.3.3　泊松分布

设 X 服从参数为 λ 的泊松分布,其分布律为

$$p\{X=k\}=\frac{\lambda^k e^{-\lambda}}{k!}\quad(k=0,1,2,\cdots;\lambda>0)\tag{4-3-4}$$

则 X 的数学期望

$$\begin{aligned}E(X)&=\sum_{k=0}^{\infty}k\cdot\frac{\lambda^k e^{-\lambda}}{k!}\\&=\lambda e^{-\lambda}\sum_{k=1}^{\infty}\frac{\lambda^{k-1}}{(k-1)!}\\&=\lambda e^{-\lambda}\cdot e^{\lambda}=\lambda\end{aligned}$$

$$\begin{aligned}E(X^2)&=E[X(X-1)+X]=E[X(X-1)]+E(X)\\&=\sum_{k=0}^{\infty}k(k-1)\frac{\lambda^k}{k!}e^{-\lambda}+\lambda\\&=\lambda^2 e^{\lambda}\sum_{k=2}^{\infty}\frac{\lambda^{k-2}}{(k-2)!}+\lambda\\&=\lambda^2 e^{\lambda}e^{-\lambda}+\lambda\\&=\lambda^2+\lambda\end{aligned}$$

所以方差

$$D(X)=EX^2-[E(X)]^2=\lambda$$

由此可知,对于服从泊松分布的随机变量,它的数学期望与方差相等,都等于参数 λ. 因为泊松分布只含一个参数 λ,因而只需知道它的数学期望或方差,就能完全确定它的分布了.

4.3.4　均匀分布

设 X 在区间 $[a,b]$ 上服从均匀分布,其分布密度

$$f(x)=\begin{cases}\dfrac{1}{b-a}, & a\leqslant x\leqslant b\\0 & \text{其他}\end{cases}\tag{4-3-5}$$

则 X 的数学期望

$$E(X)=\int_a^b x\cdot\frac{1}{b-a}dx=\frac{a+b}{2}$$

即数学期望为区间的中点.

方差

$$\begin{aligned}D(X)&=E(X^2)-[E(X)]^2\\&=\int_a^b x^2\cdot\frac{1}{b-a}dx-\left(\frac{a+b}{2}\right)^2=\frac{(b-a)^2}{12}\end{aligned}$$

4.3.5　指数分布

设 X 服从参数为 λ 的指数分布，其分布密度

$$f(x) = \begin{cases} \lambda e^{-\lambda x}, & x \geqslant 0 \\ 0, & x < 0 \end{cases} \tag{4-3-6}$$

数学期望

$$E(X) = \frac{1}{\lambda}$$

方差

$$\begin{aligned} D(X) &= E(X^2) - [E(X)]^2 \\ &= \int_0^{+\infty} x^2 \lambda e^{-\lambda x} dx - \left(\frac{1}{\lambda}\right)^2 \\ &= \frac{2}{\lambda^2} - \left(\frac{1}{\lambda}\right)^2 = \frac{1}{\lambda^2} \end{aligned}$$

4.3.6　正态分布

设 $X \sim N(\mu, \sigma^2)$，其分布密度

$$f(x) = \frac{1}{\sqrt{2\pi}\sigma} e^{-\frac{(x-\mu)^2}{2\sigma^2}} \quad (-\infty < x + \infty, \sigma > 0) \tag{4-3-7}$$

$$E(X) = \mu, D(X) = \sigma^2$$

这就是说，正态随机变量的分布密度函数中的两个参数 μ,σ 分别就是该随机变量的数学期望和均方差. 因此，正态随机变量的分布完全可由它的数学期望和方差所确定.

习题 4-3

1. 设随机变量 X 的分布规律为

X	-1	0	2
P	0.3	0.4	0.3

试求 $E(X),E(X^2),E(2X^2-3)$.

2. 设随机变量 X 的分布密度

$$f(x) - \begin{cases} e^{-x}, x > 0 \\ 0, x \leqslant 0 \end{cases}$$

求：(1) $Y=3X$，(2) $Y=e^{-2x}$ 的数学期望。

4.4 数理统计初步

4.4.1 常用统计量的计算

【例 4-4-1】 已知离散型随机变量 X 的所有可能取值为 $x_1=1, x_2=2, x_3=3$，且 $E(X)=2.3, D(X)=0.61$，求 X 的分布律.

解：设 X 的分布律为

X	1	2	3
P	p_1	p_2	p_3

因为 $E(X)=2.3, D(X)=0.61$

所以 $E(X^2)=D(X)+[E(X)]^2=5.9$

又因为

$$p_1+p_2+p_3=1$$
$$E(X)=1\times p_1+2\times p_2+3\times p_3=2.3$$
$$E(X^2)=1^2\times p_1+2^2\times p_2+3^2\times p_3=5.9$$

解此方程组得 $p_1=0.2, p_2=0.3, p_3=0.5$

所以 X 的分布律为

X	1	2	3
P	0.2	0.3	0.5

【例 4-4-2】 在一个人数很多的团体中普查某种疾病，为此要抽检 N 个人的血，可以用两种方法进行：①将每个人的血都分别化验，这就需验 N 次. ②按 k 个人一组进行分组，把 k 个人抽来的血混合在一起进行检验，如果混合血液呈阴性反应，就说明 k 个人的血都呈阴性反应，这样这 k 个人的血就只需验一次；若呈阳性，则再对这 k 个人的血液分别进行化验，这样，k 个人的血总共需化验 $k+1$ 次. 假设每个人化验呈阳性的概率为 ρ，且这些人的试验反应是相互独立的，试说明当 ρ 较小时，选取适当的 K，按第二种方法可以减少化验的次数，并说明 k 取什么值时最适宜.

解：各人的血呈阴性反应的概率为 $q=1-p$，因此 k 个人的混合血呈阴性反应的概率为 q^k，k 个人的混合血呈阳性反应的概率为 $1-q^k$.

设以 k 个人为一组时，组内每人化验的次数为 X，则 X 是一个随机变量，其分布律为

X	$\frac{1}{k}$	$\frac{k+1}{k}$
P	q^k	$1-q^k$

X 的数学期望

$$E(X) = \frac{1}{k}q^k + (1 + \frac{1}{k})(1 - q^k) = 1 - q^k + \frac{1}{k}$$

N 个人平均需化验的次数为

$$N(1 - q^k + \frac{1}{k})$$

由此可知,只要选择 k 使

$$1 - q^k + \frac{1}{k} < 1$$

则 N 个人平均需化验的次数 $<N$,当 p 固定时,选取 k,使得

$$L = 1 - q^k + \frac{1}{k}$$

小于 1 且取得最小值,这时就能得到最好的分组方法.

例如,$p=0.1$,则 $q=0.9$,当 $k=4$ 时,$L=1-q^k+\frac{1}{k}$取到最小值,此时得到最好的分组方法,若 $N=1\ 000$,此时以 $k=4$ 分组,则按第二种方案平均只需化验

$$1\ 000 \times \left(1 - 0.9^4 + \frac{1}{4}\right) = 594(\text{次})$$

这样平均来说,可以减少 40% 的工作量.

【例 4-4-3】 假定在国际市场上每年对我国某种出口商品的需求量是随机变量 X(单位:t),它服从[2 000,4 000]上的均匀分布,设每售出这种产品 1 t,可为国家挣得外汇 3 万元,但假如销售不出而囤积于仓库,则每吨需浪费保养费 1 万元,问应组织多少货源,才能使国家的收益最大.

解:因为 $X \sim U[2\ 000,4\ 000]$,所以

$$f(x) = \begin{cases} \frac{1}{2\ 000}, & 2\ 000 \leqslant x \leqslant 4\ 000 \\ 0, & \text{其他} \end{cases}$$

设 y 表示预备某年出口的此种商品数,显然 $y \in [2\ 000,4\ 000]$,则收益(单位:万元)

$$Y = g(y) = \begin{cases} 3y, & x \geqslant y \\ 3x - (y - x), & x < y \end{cases}$$

$$\begin{aligned} E(Y) &= \int_{-\infty}^{+\infty} g(x)f(x)\,\mathrm{d}x \\ &= \frac{1}{2\ 000}\int_{2\ 000}^{4\ 000} g(x)\,\mathrm{d}x \\ &= \frac{1}{2\ 000}\left[\int_{2\ 000}^{y}(4x - y)\,\mathrm{d}x + \int_{y}^{4\ 000} 3y\,\mathrm{d}x\right] \\ &= \frac{1}{1\ 000}[-y^2 + 7\ 000y - 4\ 000\ 000] \end{aligned}$$

要使 $E(Y)$ 最大,只要

$$\frac{\mathrm{d}}{\mathrm{d}y}[E(Y)] = \frac{1}{1\ 000}(-2y + 7\ 000) = 0$$

即

$$y = 3\ 500$$

因此,组织 3 500 t 此种商品是最好的决策.

【例 4-4-4】 某钢材厂生产的一种钢筋,其平均抗拉强度为 200,标准差为 20,若该厂生产的钢筋的抗拉强度服从正态分布,求整批出厂的钢筋的抗拉强度不低于 180 所占的比例为多少?

解:设 X 为钢筋的抗拉强度,由题意知 $X \sim U(200,20^2)$.

$$\begin{aligned} P\{X \geqslant 180\} &= 1 - P\{X < 180\} \\ &= 1 - \Phi\left(\frac{180 - 200}{20}\right) \\ &= 1 - \Phi(-1) \\ &= 0.841\ 3 \end{aligned}$$

即抗拉强度不低于 180 的钢筋在整批钢筋中所占比例为 84.13%.

4.4.2 常用统计量的概率分布

4.4.2.1 正态分布

1. 定义

$$\overline{X} = \frac{1}{n}\sum_{i=1}^{n} X_i \to E(X)$$

$$S^2 = \frac{1}{n-1}\sum_{i=1}^{n}(X_i - X)^2 = \frac{1}{n-1}\left[\sum_{i=1}^{n} X_i^2 - n\overline{X}^2\right] \to D(X)$$

2. 定理

$X \sim N(\mu,\sigma^2)$,$X_1,X_2,\cdots,X_n$ 为 X 的样本,则

(1)$\overline{X} \sim N(\mu,\frac{\sigma^2}{n})$;

(2)$\frac{(n-1)S^2}{\sigma^2} \sim \chi^2(n-1)$;

(3)X 与 S^2 相互独立.

4.4.2.2 χ^2 分布

1. 定义

设 $X_1,X_2,\cdots,X_n$ 独立同分布,且 $X \sim N(0,1)$,则$\chi^2 = \sum_{i=1}^{n} X_i^2 \sim \chi^2(n)$.

2. 性质

(1)若 $X \sim \chi^2(n_1)$,$Y \sim \chi^2(n_2)$,且 X,Y 独立,则 $X+Y \sim \chi^2(n_1+n_2)$.

(2)若 $X \sim \chi^2(n)$,则 $E(X)=n$,$D(X)=2n$.

4.4.2.3 t 分布

1. 定义

设 $X \sim N(0,1)$,$Y \sim \chi^2(n)$,且 X,Y 独立,则 $T=\frac{X}{\sqrt{Y/n}} \sim t(n)$.

2. 定理

设总体 $X \sim N(\mu,\sigma^2)$,$(X_1,X_2,\cdots,X_n)$是样本,则有$\frac{\overline{X}-\mu}{S/\sqrt{n}} \sim t(n-1)$

4.4.2.4 F 分布

1. 定义

设 $U \sim \chi^2(n_1)$，$V \sim \chi^2(n_2)$，且 U，V 独立，则 $F = \dfrac{U/n_1}{V/n_2} \sim F(n_1, n_2)$.

设 $F \sim F(n, n_2)$，则 $\dfrac{1}{F} \sim F(n_2, n_1)$.

2. 定理

设 $X_1, X_2, \cdots, X_{n_1}$ 为总体 $X \sim N(\mu_1, \sigma_1^2)$ 的样本，$Y_1, Y_2, \cdots, Y_{n_1}$ 为总体 $Y \sim N(\mu_2, \sigma_2^2)$ 的样本，且 X，Y 独立，则 $F = \dfrac{S_1^2/\sigma_1^2}{S_2^2/\sigma_2^2} \sim F(n_1 - 1, n_2 - 1)$.

【例 4-4-5】 设 $X_1, X_2, \cdots, X_{25}$ 是来自总体 $X \sim \chi^2(1)$ 的一个样本，则 $\sum_{i=1}^{25} X_i$ 服从 $\chi^2(25)$ 分布.

【例 4-4-6】 设随机变量 X_1, X_2, X_3 相互独立，$X_1 \sim N(0,1)$，$X_2 \sim N(0, \frac{1}{2})$，$X_3 \sim N(0, \frac{1}{3})$，则 $X_1^2 + 2X_2^2 + 3X_3^2$ 服从 $\chi^2(3)$ 分布.

【例 4-4-7】 设总体 X 服从 $N(0, 2^2)$，而 $X_2, X_2, \cdots, X_{15}$ 为来自总体 X 的简单随机样本，则随机变量 $Y = \dfrac{X_1^2 + X_2^2 + \cdots + X_{10}^2}{2(X_{11}^2 + X_{12}^2 + \cdots + X_{15}^2)}$ 服从 $F(10,5)$ 分布.

【例 4-4-8】 设随机变量 X，Y 相互独立且都服从 $N(0, 3^2)$，而 $X_1, X_2, \cdots, X_9$ 和 $Y_1, Y_2, \cdots, Y_9$ 分别来自总体 X 和 Y 的简单随机样本，则统计量 $U = \dfrac{X_1 + X_2 + \cdots + X_9}{\sqrt{Y_1^2 + Y_2^2 + \cdots + Y_9^2}}$ 服从 $t(9)$ 分布.

习题 4-4

1. 在总体 $X \sim N(45, 9)$ 中，随机抽取一个容量为 36 的样本，
求：(1) 样本均值 $\overline{X}$ 落在 [43.8, 45.8] 内的概率；
(2) 本样均值与总体均值的绝对偏差大于 1 的概率.

2. 查表求下列值：
(1) $t_{0.05}(30)$；(2) $x_{0.05}^2(9)$；(3) $t_{0.01}(10)$

3. 随机变量 $T \sim t(n)$，查表求下列常数 t_0：
(1) $P\{|t| > t_0\} = 0.05, n = 7$；
(2) $P\{|t| \leqslant t_0\} = 0.95, n = 10$.

4.5 专业应用案例（概率论与数理统计）

4.5.1 经纬仪角度检测案例

为了检定一台经纬仪的测角精度，现对某一精确测定的水平角（$\beta = 78°42'35''$）做了 24

次观测,结果列于表4-5-1中。试计算观测值的方差、中误差、平均误差和或然误差。

表4-5-1　水平角观测及真误差计算表

观测值	Δ	观测值	Δ	观测值	Δ
78°42′33.7″	+1.3	78°42′33.0″	+2.0	78°42′32.5″	+2.5
78°42′36.1″	-1.1	78°42′35.8″	-0.8	78°42′35.7″	-0.7
78°42′36.2″	-1.2	78°42′34.5″	+0.5	78°42′33.8″	+1.2
78°42′36.0″	-1.0	78°42′33.7″	+1.3	78°42′36.3″	-1.3
78°42′37.0″	-2.0	78°42′34.4″	+0.6	78°42′33.2″	+1.8
78°42′34.8″	+0.2	78°42′35.3″	-0.3	78°42′35.5″	-0.5
78°42′34.4″	+0.6	78°42′37.0″	-2.0	78°42′35.7″	-0.7
78°42′36.2″	-1.2	78°42′34.2″	+0.8	78°42′34.2″	+0.8

解:先根据 $\Delta_i = \tilde{\beta}_i - \beta_i$ 计算出各个观测值的真误差,并将它们对应填在表4-5-1中.然后根据表中的数据可算得:

$$\hat{\sigma}^2 = m^2 = \frac{[\Delta\Delta]}{n} = \frac{37.34}{24} = 1.56$$

$$\hat{\sigma} = m = \sqrt{\frac{[\Delta\Delta]}{n}} = \sqrt{1.56} = 1.25''$$

4.5.2　同精度多测回角度观测案例

某角度同精度测量,共观测6个测回,各测回成果见表4-5-2。试计算该角度6个测回的平均值及观测中误差.

表4-5-2

测回数	观测值	改正数	改正数平方
1	75.322 3	-3	9
2	75.322 8	2	4
3	75.322 0	-6	36
4	75.323 2	6	36
5	75.321 9	-7	49
6	75.323 2	6	36
求和	451.935 4	0	70

解:(1)计算平均值.将6个测回的角度值相加,取平均值得

$$\bar{L} = \frac{\sum L_i}{6} = 75.322\ 6$$

(2)按下式计算改正数,填入表4-5-2中.

$$v_i = L_i - \overline{L} = L_i - 75.3226$$

(3)计算一次观测中误差.

$$m_L = \sqrt{\frac{[vv]}{n-1}} = \sqrt{\frac{170}{5}} = 5.83$$

(4)计算测回平均值中误差.

$$m_L = \sqrt{\frac{[vv]}{n(n-1)}} = \sqrt{\frac{170}{6 \times 5}} = 2.38$$

4.5.3 不等精度观测案例

4.5.3.1 基本公式

在测量工作中,经常对一系列测量值进行观测,形成双观测值. 例如,水准测量中各测段高差进行往返测,对一条边测量两次. 由于对同一个量值进行两次观测,称其为观测对或双程观测,它们的真值相同,观测对之差的真值为零,因而可以利用各观测对之差计算中误差.

设对 n 个同类量 $x_1, x_2, \cdots, x_n$ 各观测两次,得到独立观测值为 $L_1', L_2', \cdots, L_n'$和 $L_1'', L_2'', \cdots, L_n''$. 由于同一观测对的两个观测值的精度相同,故各观测对的权分别为 $p_1, p_2, \cdots, p_n$,其值为距离的倒数. 由于观测值带有误差,两个观测值的差数为

$$d_i = L_i' - L_i'' \quad (i = 1, 2, \cdots, n) \tag{4-5-1}$$

单位权中误差为

$$m_0 = \sqrt{\frac{[pdd]}{2n}} \tag{4-5-2}$$

式中,d 为观测对的差数;p 为观测值的权;n 为观测对的个数。

单位权中误差计算出后,即可求出各观测值 L_i'和 L_i''的中误差为

$$m_{Li}' = m_{Li}'' = m_0\sqrt{\frac{1}{p_i}} \tag{4-5-3}$$

第 i 对观测值的平均值为

$$\overline{L}_i = \frac{1}{2}(L_i' + L_i'') \tag{4-5-4}$$

其中误差为

$$m_{\overline{L}i} = \frac{m_{Li}}{\sqrt{2}} = m_0\sqrt{\frac{1}{2p_i}} \tag{4-5-5}$$

全长中误差为

$$m_S = m_0\sqrt{[s]} \tag{4-5-6}$$

4.5.3.2 案例

设在 A、B 两水准点间分 5 段进行水准测量,每段进行往返观测,其结果列于表 4-5-3 中. 试求:①每千米观测高差中误差;②第二段观测高差中误差;③第二段高差平均值的中误差;④全长一次观测高差中误差;⑤全长高差平均值中误差.

表 4-5-3 往返高差观测及互差计算表

段号	高差		$d_i = L'_i - L''_i$	s_i(km)
	往测 L'_i(m)	返测 L''_i(m)		
1	+1.444	-1.437	+7	4.0
2	-0.348	+0.356	-8	3.0
3	+0.584	-0.593	-9	2.0
4	-3.360	+3.352	+8	1.5
5	-0.053	+0.063	-10	2.5

解:令 $C=1$,即令 1 km 观测高差为单位权观测值.

(1)由式(4-5-2)求单位权中误差,即每千米观测高差的中误差.

$$m_0 = \sqrt{\frac{[pdd]}{2n}} = 3.96 \text{ mm}$$

(2)由式(4-5-3)求第二段观测高差中误差.

$$m_{L2} = m_0\sqrt{\frac{1}{p_2}} = 6.86 \text{ mm}$$

(3)由式(4-5-5)求第二段往返观测高差平均值中误差.

$$m_{\bar{L}_2} = \frac{m_{L2}}{\sqrt{2}} = 4.85 \text{ mm}$$

(4)由式(4-5-6)计算全长一次测高差中误差.

$$m_S = m_0\sqrt{[s]} = 14.28 \text{ mm}$$

(5)全长观测高差平均值中误差.

$$m_{\bar{S}} = \frac{m_S}{\sqrt{2}} = 10.10 \text{ mm}$$

第 5 章　数值计算基础

问题引入：

观测物体的直线运动，得以下数据：

时间(t/s)	0	0.9	1.9	3.0	3.9	5.0
距离(s/m)	0	10	30	50	80	110

求运动方程.

在许多实际工程应用和科学实验中，人们需要从一组测定的、有限个数据点中，设法找出一条连续光滑的曲线，以确定模拟函数的所有值，进而得到所要的结论，或对系统做出预测. 目前，寻求拟函数常用的方法主要有插值和拟合两种. 其中，插值法是通过已知点来确定模拟函数的方法，这求模拟函数必须严格通过所有的已知点，因此其用于数据准确且数据量较小的情况，否则可能造成局部较大的误差. 由于在实际应用或实验中，误差是不可避免的，所以为了不把原有误差引入，人们经常采用拟合来确定函数. 本章将在误差分析的基础上，讨论最小二乘数据拟合.

5.1　误差分析

在科学和工程技术研究中，许多实际问题归结成的数学模型往往非常复杂，难以求得其精确解释，这时我们就必须采用近似方法. 在今天，随着计算机的广泛应用，熟练地运用计算机进行科学计算已成为工程技术人员的一项基本技能，这就要求人们去掌握适应于计算机使用的数值计算方法，求出问题的数值解答. 本章将着重介绍高等数学范围内的数值计算方法.

5.1.1　绝对误差与相对误差

定义 1　x^* 为准确数 x 的近似值，则称 $e(x^*)=x^*-x$ 为近似数 x^* 的绝对误差，简称误差.

在数值计算问题中，一般无法得到准确值 x，因此绝对误差 $e(x^*)$ 也无法直接算出，但我们往往可以得到 $e(x^*)$ 的绝对值上界，即

$$|e(x^*)|=|x^*-x|\leqslant \varepsilon \tag{5-1-1}$$

则称 ε 为近似值 x^* 的绝对误差限，简称误差限(或精度)，应用中常记为 $x=x^*\pm\varepsilon$.

【例 5-1-1】　取 $\pi^*=3.14$ 为无理数 π 的近似值，则由

$$|e(x^*)|=|\pi^*-\pi|\leqslant 0.002$$

可知 π^* 的误差限为 $\varepsilon=0.002$(用 π^* 表 π 的精度为 0.002).

注意:绝对误差限并不能完全表示反映近似值的好坏程度. 例如 $x_1=10\pm1$ 与 $x_2=100\pm2$ 相比,虽然 x_2 的绝对误差限相对较大,但100作为 x_2 的近似值却要比10作为 x_1 近似值要好得多.

定义2 设 x^* 为准确数 x 的近似值,则称

$$r(x^*)=\frac{e(x^*)}{x^*}=\frac{x^*-x}{x^*} \tag{5-1-2}$$

为近似数 x^* 的相对误差.

如果 $|r(x^*)|=\frac{|e(x^*)|}{|x^*|}\leqslant\varepsilon_r$,则称 ε_r 为近似数 x^* 的相对误差限(或相对精度). 显然,$r(x^*)$ 的准确值也无法直接得到.

若 ε 为 x^* 的绝对误差限,即 $|e(x^*)|=|x^*-x|\leqslant\varepsilon$,则 $|r(x^*)|=\frac{|e(x^*)|}{|x^*|}\leqslant\frac{\varepsilon}{|x^*|}$,即有

$$\varepsilon_r=\frac{\varepsilon}{|x^*|} \tag{5-1-3}$$

上例中,$x_1=10\pm1$ 的近似值 $x_1^*=10$ 的相对误差限为 $\varepsilon_r=\frac{\varepsilon}{|x_1^*|}=\frac{1}{10}=10\%$,而 $x_2=100\pm2$ 中的近似值 $x_2^*=100$ 的相对误差限为 $\varepsilon_r=\frac{\varepsilon}{|x_1^*|}=\frac{2}{100}=2\%$.

由此可见,相对误差限愈小,近似程度愈高.

5.1.2 有效数字

定义3 设某准确值 x 的近似值 $x^*=\pm0.a_1a_2\cdots a_k\times10^m$(其中 m 为整数,$a_1\sim a_k$ 为0~9中的一个数字,且 $a_1\neq0$),如果 x^* 的误差不超过 10^{-n} 位的半个单位,即

$$|x^*-x|\leqslant0.5\times10^{-n} \tag{5-1-4}$$

则称近似值 x^* 准确到 10^{-n} 位,并称 x^* 有 $m+n$ 位有效数字.

【例5-1-2】 设圆周率 $\pi=3.141\,592\,6\cdots$,求下列近似数的有效数字:

(1)$x_1=3.141$;(2)$x_2=3.142$;(3)$x_3=3.141\,4$;(4)$x_4=3.141\,6$.

解:由 $x_1=3.141=0.314\,1\times10^1$ 知,$m=1$.

再由 $|\pi-x_1|=0.000\,592\,6\cdots=0.592\,6\cdots\times10^{-3}\leqslant0.5\times10^{-2}$ 知,$n=2$,于是 x_1 有3位有效数字.

同理可知近似数 x_2 有4位有效数字,x_3 有4位有效数字,x_4 有5位有效数字.

另外,有效数字概念的通俗定义是这样的:设 x^* 为准确数 x 的近似值,如果在从第一个非零数字开始的第 n 位进行四舍五入时,x 和 x^* 的结果完全一致,则称 x^* 就有 n 位有效数字.

【例5-1-3】 按四舍五入的原则写出下列各数具有5位有效数字的近似值.

187.932 5,0.037 855 1,8.000 033,2.718 28.

解:按定义,上述各数具有5位有效数字的近似值分别为:187.93,0.037 855,8.000 0,2.718 28.

可以证明:有效数字位数越多,相对误差限越小.

由此可见,相对误差限愈小,近似程度愈高.

5.1.3　数值运算的误差估计

设函数 $u=f(x_1,x_2,\cdots,x_n)$ 是一个算法或模型,x_k^* 是变量 x_k 近似值($k=1,2,\cdots,n$). 如果 x_k^* 的精度为 ε_k,且 f 的计算过程中没有新的误差产生,则一般采用一次近似估计法来计算函数 u 的近似值 $u^*=f(x_1^*,x_2^*,\cdots,x_n^*)$ 的精度. 根据微分学理论,u^* 的误差

$$e(u^*)=f(x_1^*,x_2^*,\cdots,x_n^*)-f(x_1,x_2,\cdots,x_n)\approx -\mathrm{d}u\Big|_{\substack{x_k=x_k^*\\ \Delta x_k=x_k-x_k^*}}=\sum_{k=1}^{n}\frac{\partial f}{\partial x_k}\Big|_{x_k=x_k^*}(x_k^*-x_k)$$

即

$$e(u^*)\approx\sum_{k=1}^{n}\frac{\partial f}{\partial x_k}\Big|_{x_k=x_k^*}e(x_k^*)\tag{5-1-5}$$

从而,u^* 的误差限(精度)为

$$\varepsilon(u^*)\approx\sum_{k=1}^{n}\left|\frac{\partial f}{\partial x_k}\right|_{x_k=x_k^*}e(x_k^*)\tag{5-1-6}$$

由式(5-1-3),u^* 的相对误差限为

$$\varepsilon_r=\frac{\varepsilon(u^*)}{|u^*|}\approx\sum_{k=1}^{n}\left|\frac{\partial f}{\partial x_k}\right|_{x_k=x_k^*}\frac{e(x_k^*)}{|u^*|}=\sum_{k=1}^{n}\left|\frac{\partial f}{\partial x_k}\right|_{x_k=x_k^*}\frac{|x_k^*|}{|u^*|}\cdot\frac{e(x_k^*)}{|x_k^*|}$$

即

$$\varepsilon_r\approx\sum_{k=1}^{n}\left|\frac{x_k^*}{u^*}\right|\left|\frac{\partial f}{\partial x_k}\right|_{x_k=x_k^*}\cdot\varepsilon(x_k^*)\tag{5-1-7}$$

其中,$\dfrac{\partial f}{\partial x_k}=\dfrac{\partial f}{\partial x_k}(x_1,x_2,\cdots,x_n)$.

根据式(5-1-6)、式(5-1-7),绝对误差传播主要取决于 $\left|\dfrac{\partial f}{\partial x_k}\right|_{x_k=x_k^*}$,相对误差传播则主要取决于 $\left|\dfrac{x_k^*}{u^*}\right|\left|\dfrac{\partial f}{\partial x_k}\right|_{x_k=x_k^*}$ $(k=1,2,\cdots,n)$.

【例 5-1-4】　已测得某矩形场地长 l 的近似值为 $l^*=(110\pm0.2)m$,宽 d 的近似值为 $d^*=(80\pm0.1)m$,试求面积 A 的绝对误差限与相对误差限.

解:由题可知,$\varepsilon(l^*)=0.2$,$\varepsilon(d^*)=0.1$,又因

$$A=ld$$

所以

$$\frac{\partial A}{\partial l}=d,\frac{\partial A}{\partial l}=l$$

$$\varepsilon(A^*)\approx d\varepsilon(l^*)+l\varepsilon(d^*)=80\times0.2+110\times0.1=27(\mathrm{m}^2)$$

$$\varepsilon_r=\frac{\varepsilon(A^*)}{|(A^*)|}=\frac{27}{110\times80}\approx0.003\ 1=0.31\%$$

5.1.4　数据误差和病态问题

工程问题的数学模型中的参数往往由实验和测量数据取得,所以不可避免地存在数据

误差。正常情况下，这些误差对于解的影响是在允许范围内的. 但对于某些问题，数据误差可能会产生严重影响.

【例 5-1-5】 解线性方程组

$$\begin{cases} \frac{49}{36}x_1 + \frac{3}{4}x_2 + \frac{21}{40}x_3 = \frac{949}{360} \\ \frac{3}{4}x_1 + \frac{61}{144}x_2 + \frac{3}{10}x_3 = \frac{1\ 061}{720} \\ \frac{21}{40}x_1 + \frac{3}{10}x_2 + \frac{769}{3\ 600}x_3 = \frac{3\ 739}{3\ 600} \end{cases} \tag{5-1-8}$$

解：容易验证，$x_1 = x_2 = x_3 = 1$ 是其唯一准确解. 但如果我们将方程组中的系数保留 4 位小数，得到新方程组

$$\begin{cases} 1.361\ 1x_1 + 0.750\ 0x_2 + 0.525\ 0x_3 = 2.636 \\ 0.750\ 0x_1 + 0.423\ 6x_2 + 0.300x_3 = 1.474 \\ 0.525\ 0x_1 + 0.300x_2 + 0.213\ 6x_3 = 1.039 \end{cases} \tag{5-1-9}$$

则计算结果为 $x_1 = 1.220, x_2 = -0.308\ 4, x_3 = 2.298$，与原方程组的解相比已经面目全非.

这里的误差与算法无关，因为这个解对于式(5-1-9)有很高的精度。问题出在式(5-1-8)本身对数据的误差极其敏感. 尽管数据只有很小的变化，却导致解产生了很大的变化，我们称这类问题为病态问题. 病态问题也可以用一次近似来作分析. 根据式(5-1-6)、式(5-1-7)，$\left|\frac{\partial f}{\partial x_k}\right|_{x_k=x_k^*}$ 和 $\left|\frac{x_k^*}{u^*}\right|\left|\frac{\partial f}{\partial x_k}\right|_{x_k=x_k^*}$ $(k=1,2,\cdots,n)$ 反映了解对参数数据误差的敏感性程度，我们称 $\left|\frac{\partial f}{\partial x_k}\right|_{x_k=x_k^*}$ 和 $\left|\frac{x_k^*}{u^*}\right|\left|\frac{\partial f}{\partial x_k}\right|_{x_k=x_k^*}$ $(k=1,2,\cdots,n)$ 为该问题的条件数. 条件数很大的数值问题称为病态问题.

5.1.5 数值运算的注意事项

一个实际的计算问题，其数值运算次数以千万次计，我们不可能对其每步计算都进行误差分析，因此在设计算法时要特别注意误差的积累. 具体地说，要注意以下几点：

(1)要尽量减少运算次数，以减少舍入误差的积累.

(2)要尽量避免两相近数相减，以防有效数字的严重损失而影响精度.

(3)要尽量避免使用“小分母”，以防运算结果过大而造成溢出.

(4)要防止大数“吃掉”小数现象. 例如，在五位计算机上计算.

$$A = 52\ 492 + \sum_{K=1}^{1\ 000} 0.9$$

把运算写成规格化形式

$$\begin{aligned} A &= 0.524\ 92 \times 10^5 + \sum_{k=1}^{1\ 000} 0.000\ 009 \times 10^5 \\ &= 0.524\ 92 \times 10^5 + 0.000\ 009 \times 10^5 + \cdots + 0.000\ 009 \times 10^5 \\ &= 0.524\ 92 \times 10^5 \end{aligned}$$

该结果显然不正确,这是由于在计算机内计算时要对阶,每个 0.9 都被看成了零. 要避免这一现象,就应先把数量级相同的相加,然后加上大数 52 492,也就避免了大数吃掉小数现象.

习题 5-1

1. 设 x 的相对误差为 2%,求 x^n 的相对误差.

2. 下列各数都是经过四舍五入得到的近似数,即误差限不超过最后一位的半个单位:

$$x_1 = 1.1021, x_2 = 0.031, x_3 = 56.430$$

计算下列各式并估计误差限和有效数字:

(1) $2x_1 - x_2 + x_3$;　(2) $x_1x_2x_3$;　(3) $\frac{x_2}{x_3}$.

3. 计算球体体积时,要使之相对误差限为 1%,问:度量半径 r 允许的相对误差限是多少?

4. 设函数 $f(x)=\frac{e^x-1-x}{x^2}$,计算 $f(0.01)$ 的真值. 计算如果使用 6 位有效数字计算,计算结果的误差有多大? 如果考虑其近似公式 $f(x)\approx\frac{1}{2}+\frac{x}{6}+\frac{x^2}{24}$,仍然用 6 位有效数字计算,计算结果的误差又是多少? 哪种算法更精确,为什么?

5. Matlab 实验题:用 Matlab 计算 $\sum_{i=1}^{1\,000}0.1-100$,结果居然有误差! 因为从二进制数角度分析,这一计算应该是准确的. 实验反映了"计算机内部的二进制本质". 计算机中的"机器数"采用二进制实数系统,由于机器数字长的限制而产生的误差称为舍入误差. 十进制数进入计算机运算时先转换成二进制机器数,并对 t 位(单精度 $t=23$,双精度 $t=52$)后的数作舍入处理,使得位数为 t 位,因而一般都舍入误差.

5.2 曲线拟合的最小二乘法

5.2.1 曲线拟合的概念

在工程技术应用领域中,不同变量之间的相互关系通常用函数描述. 那么,如何通过一组观测实验数据

$$(x_i, y_i), i = 1,2,\cdots,n$$

确定两个变量之间的一般规律 $y=f(x)$? 通常采用数据插值和数据拟合两种方法实现两者的最佳逼近. 相比插值方法,拟合方法不要求模拟函数必须通过所有已知点,它追求的是所有点到模拟函数达到某种误差指标的最小化,因此其比较适合数据有误差、数据量较大的情况.

5.2.1.1 曲线拟合的定义

定义 已知给定数据点 $P_i(x_i,y_i)$,$i=1,2,\cdots,n$,即已知在点集 $\{x_1,x_2,\cdots x_n\}$ 上的函数值 $\{y_1,y_2,\cdots,y_n\}$,求一条近似曲线 $y=\varphi(x)$,使 $\varphi(x)$ 在原离散点 x_i 上的值尽可能接近给定

的 y_i 值,即使得所有数据点与估计点(或称拟合点)的偏差最小化. 这条近似曲线称为拟合曲线,上述由已知数据点得到拟合曲线的过程称为曲线拟合.

如图 5-2-1 所示,拟合曲线整体最佳逼近各数据点,既能反映数据的总体分布,又不至于出现局部较大的波动. 拟合曲线在点 $P_i(x_i,y_i)$ 处的偏差 $\delta_i = y_i - \varphi(x_i)$,$i=1,2,\cdots,n$.

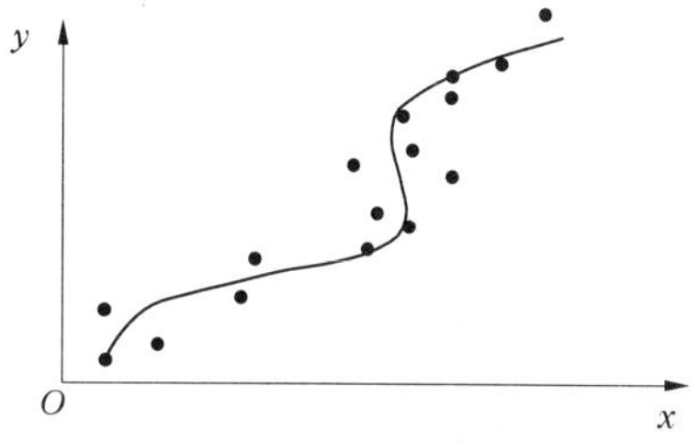

图 5-2-1 曲线拟合示意图

5.2.1.2 曲线拟合的方法

常见的曲线拟合方法有:

(1)使偏差绝对值之和最小.

$$\min_{\varphi} \sum_{i=1}^{n} |\delta_i| = \sum_{i=1}^{n} |y_i - \varphi(x_i)|$$

(2)使偏差绝对值的最大值最小.

$$\min_{\varphi} \max_{i} |\delta_i| = |y_i - \varphi(x_i)|$$

(3)使偏差平方和最小.

$$\min_{\varphi} \sum_{i=1}^{n} \delta_i^2 = \sum_{i=1}^{n} [y_i - \varphi(x_i)]^2$$

其中,按使得所有数据点与估计点(或称拟合点)误差的平方和最小的原则选取拟合曲线的方法称为最小二乘曲线拟合. 我们称这种使偏差平方和达到最小的估计方法为最小二乘法(Least Square Method).

5.2.2 最小二乘多项式拟合

5.2.2.1 最小二乘直线拟合

最小二乘直线拟合的数学原理:给定函数 $y=f(x)$ 在 $x_1,x_2,\cdots,x_n$ 处的函数值 $y_1,y_2,\cdots,y_n$,求一直线 $\varphi(x)=a_0+a_1x$,使得

$$\delta(a_0,a_1) = \sum_{i=1}^{n} [y_i - \varphi(x_i)]^2 = \sum_{i=1}^{n} [y_i - (a_0 + a_1x_i)]^2 = \min \qquad (5\text{-}2\text{-}1)$$

根据二元函数极值法,将 $\delta(a_0,a_1)=\sum_{i=1}^{n}[y_i-\varphi(x_i)]^2=\sum_{i=1}^{n}[y_i-(a_0+a_1x_i)]^2$ 分别对 a_0,a_1 求偏导数,得

$$\begin{cases} \dfrac{\partial\delta(a_0,a_1)}{a_0} = -2\sum_{i=1}^{n}[y_i - (a_0 + a_1x_i)] \\ \dfrac{\partial\delta(a_0,a_1)}{a_1} = -2\sum_{i=1}^{n}[y_i - (a_0 + a_1x_i)]x_i \end{cases} \qquad (5\text{-}2\text{-}2)$$

令上式等于零,得

$$\begin{cases} a_0 n + a_1\sum_{i=1}^{n} x_i = \sum_{i=1}^{n} y_i \\ a_0\sum_{i=1}^{n} x_i + a_1\sum_{i=1}^{n} x_i^2 = \sum_{i=1}^{n} x_iy_i \end{cases} \qquad (5\text{-}2\text{-}3)$$

式(5-2-3)称为法方程组,又称为正规方程组。解此法方程组,得

$$\begin{cases} a_0 = \dfrac{(\sum\limits_{i=1}^{n} x_i^2)(\sum\limits_{i=1}^{n} y_i) - (\sum\limits_{i=1}^{n} x_i)(\sum\limits_{i=1}^{n} x_i y_i)}{n(\sum\limits_{i=1}^{n} x_i^2) - (\sum\limits_{i=1}^{n} x_i)^2} \\ a_1 = \dfrac{n(\sum\limits_{i=1}^{n} x_i y_i) - (\sum\limits_{i=1}^{n} x_i)(\sum\limits_{i=1}^{n} y_i)}{n(\sum\limits_{i=1}^{n} x_i^2) - (\sum\limits_{i=1}^{n} x_i)^2} \end{cases} \tag{5-2-4}$$

【例 5-2-1】 实验测得某物理量 x,y 的 5 组数据如表 5-2-1 所示.

表 5-2-1

i	1	2	3	4	5
x_i	165	123	150	123	141
y_i	187	126	172	125	148

试用最小二乘法求其拟合曲线.

解:首先在坐标纸上描出散点图,发现其近似地在一直线上,为此设其拟合曲线为

$$y = a_1 x + a_0$$

$\sum\limits_{i=1}^{5} x_i = 702, \sum\limits_{i=1}^{5} x_i^2 = 99\ 864, \sum\limits_{i=1}^{5} y_i = 758, \sum\limits_{i=1}^{5} x_i y_i = 108\ 396$,代入正规方程组(5-2-3)得:

$$\begin{cases} 5a_0 + 702a_1 = 758 \\ 702a_0 + 99\ 864a_1 = 108\ 396 \end{cases}$$

解得

$$\begin{cases} a_0 = -60.939\ 2 \\ a_1 = 1.513\ 8 \end{cases}$$

即得最小二乘拟合直线为 $y = 1.513\ 8x - 60.939\ 2$.

5.2.2.2 最小二乘多项式拟合

给定函数 $y=f(x)$ 在 $x_1, x_2, \cdots, x_n$ 处的函数值 $y_1, y_2, \cdots, y_n$,若设拟合曲线为多项式函数

$$\varphi(x) = a_0 + a_1 x + \cdots + a_m x^m \tag{5-2-5}$$

则所有数据点的误差平方和为 $\delta(a_0, a_1, \cdots, a_m) = \sum\limits_{i=1}^{n} [y_i - \varphi(x_i)]^2$,根据多元函数的极值法可得如下方程组:

$$\begin{cases} na_0 + (\sum\limits_{i=1}^{n} x_i)a_1 + \cdots + (\sum\limits_{i=1}^{n} x_i^m)a_m = \sum\limits_{i=1}^{n} y_i \\ (\sum\limits_{i=1}^{n} x_i)a_0 + (\sum\limits_{i=1}^{n} x_i^2)a_1 + \cdots + (\sum\limits_{i=1}^{n} x_i^{m+1})a_m = \sum\limits_{i=1}^{n} x_i y_i \\ \cdots\cdots \\ (\sum\limits_{i=1}^{n} x_i^m)a_0 + (\sum\limits_{i=1}^{n} x_i^{m+1})a_1 + \cdots + (\sum\limits_{i=1}^{n} x_i^{2m})a_m = \sum\limits_{i=1}^{n} x_i^m y_i \end{cases} \tag{5-2-6}$$

或写成矩阵形式为：

$$\begin{bmatrix} n & \sum_{i=1}^{n} x_i & \cdots & \sum_{i=1}^{n} x_i^m \\ \sum_{i=1}^{n} x_i & \sum_{i=1}^{n} x_i^2 & \cdots & \sum_{i=1}^{n} x_i^{m+1} \\ \vdots & \vdots & & \vdots \\ \sum_{i=1}^{n} x_i^m & \sum_{i=1}^{n} x_i^{m+1} & \cdots & \sum_{i=1}^{n} x_i^{2m} \end{bmatrix} \begin{bmatrix} a_0 \\ a_1 \\ \vdots \\ a_m \end{bmatrix} = \begin{bmatrix} \sum_{i=1}^{n} y_i \\ \sum_{i=1}^{n} x_i y_i \\ \vdots \\ \sum_{i=1}^{n} x_i^m y_i \end{bmatrix} \tag{5-2-7}$$

【**例** 5-2-2】 设有某实验数据如表 5-2-2 所示.

表 5-2-2

i	1	2	3	4	5	6
x_i	0	1	2	3	4	5
y_i	5	2	1	1	2	3

用最小二乘法求一个多项式函数拟合这组数据.

解:将给定数据点描在坐标系中,可以看出这些点接近一条抛物线,因此设所求多项式函数为 $y=a_0+a_1x+a_2x^2$. 由数据计算得 $n=6$, $\sum_{i=1}^{6}x_i=15$, $\sum_{i=1}^{6}x_i^2=55$, $\sum_{i=1}^{6}x_i^3=225$, $\sum_{i=1}^{6}x_i^4=979$, $\sum_{i=1}^{6}y_i=14$, $\sum_{i=1}^{6}x_iy_i=30$, $\sum_{i=1}^{6}x_i^2y_i=122$ 代入方程组(5-2-6),得

$$\begin{cases} 6a_0 + 15a_1 + 55a_2 = 14 \\ 15a_0 + 55a_1 + 225a_2 = 30 \\ 55a_0 + 225a_1 + 979a_2 = 122 \end{cases}$$

解得

$$\begin{cases} a_0 = 4.714\ 3 \\ a_1 = -2.785\ 7 \\ a_2 = 0.500\ 0 \end{cases}$$

于是,所求多项式函数为 $y=0.500\ 0x^2-2.785\ 7x+4.714\ 3$.

5.2.3 非线性最小二乘拟合

实际最小二乘曲线拟合问题中,拟合函数一般是未知的,先按观测值在直角坐标平面上描出的散点图,然后依据经验大概估计未知函数的图形,从而选用合适的拟合函数进行曲线拟合. 对于诸如按指数等规律变化的非线性拟合函数,可以先通过变量替换(见表 5-2-3)转化为线性拟合问题,按线性拟合解出后再还原为原变量所表示的拟合曲线函数.

表 5-2-3　非线性拟合函数线性转换关系

曲线拟合方程	变换关系	变换后线性拟合方程
$y = ae^{bx}$	$\bar{y} = \ln y$	$\bar{y} = \bar{a} + bx \quad (\bar{a} = \ln a)$
$y = \dfrac{x}{ax + b}$	$\bar{y} = \dfrac{1}{y}, \bar{x} = \dfrac{1}{x}$	$\bar{y} = a + b\bar{x}$
$y = \dfrac{1}{ax + b}$	$\bar{y} = \dfrac{1}{y}$	$\bar{y} = ax + b$
$y = \dfrac{1}{ax^2 + bx + c}$	$\bar{y} = \dfrac{1}{y}$	$\bar{y} = ax^2 + bx + c$
$y = \dfrac{x}{ax^2 + bx + c}$	$\bar{y} = \dfrac{x}{y}$	$\bar{y} = ax^2 + bx + c$

【例 5-2-3】　设有某实验数据如表 5-2-4 所示.

表 5-2-4

i	1	2	3	4	5	6
x_i	0	0.5	1	1.5	2	2.5
y_i	2.0	1.0	0.9	0.6	0.4	0.3

用最小二乘法求拟合曲线.

解:将给定数据描在坐标系中,可以看出这些点接近一条指数曲线,因此设拟合函数为 $y = ae^{-bx}$,两边取自然对数得:$\ln y = \ln a - bx$.

令 $\bar{y} = \ln y, a_0 = \ln a, a_1 = -b$,即化为线性拟合模型:$\bar{y} = a_0 + a_1 x$.

由表 5-2-4 中数据计算得

$$n = 6, \sum_{i=1}^{6} x_i = 7.5, \sum_{i=1}^{6} x_i^2 = 13.75, \sum_{i=1}^{6} \ln y_i = -2.043\,302, \sum_{i=1}^{6} x_i \ln y_i = -5.714\,112$$

代入方程组(5-2-3),得

$$\begin{cases} 6a_0 + 7.5a_1 = -2.043\,302 \\ 7.5a_0 + 13.75a_1 = -5.714\,112 \end{cases}$$

解得

$$\begin{cases} a_0 = 0.562\,302 \\ a_1 = -0.722\,282 \end{cases}$$

由 $a_0 = \ln a$ 得 $a = e^{a_0} = e^{0.562\,302} = 1.754\,708$,由 $a_1 = -b$ 得 $b = -a_1 = 0.722\,282$,于是得到拟合指数函数为 $y = 1.754\,708e^{-0.722\,282x}$.

5.2.4　超定方程组的最小二乘解

5.2.4.1　定义

设 A 是一个 $m \times n$ 阶矩阵, X 为 n 维待定列向量,B 为 m 维已知列向量. 当 $m \geqslant n$ 且 $R(A) \leqslant n$ 时,称

$$AX = B \tag{5-2-8}$$

为一个超定线性方程组,简称超定方程组.超定方程组(5-2-8)的最小二乘解唯一.

5.2.4.2　用最小二乘法求解超定方程组

【例 5-2-4】　试用最小二乘法求解超定方程组

$$\begin{cases} 2x + 4y = 11 \\ 3x - 5y = 3 \\ x + 2y = 6 \\ 2x + y = 7 \end{cases}$$

解:欲求 (x, y) 使得其尽可能使四个等式成立,即使 $\delta(x,y) = (2x+4y-11)^2 + (3x-5y-3)^2+(x+2y-6)^2+(2x+y-7)^2$ 达到最小.

则 (x,y) 应满足

$$\begin{cases} \dfrac{\partial\delta(x,y)}{\partial x} = 0 \\ \dfrac{\partial\delta(x,y)}{\partial y} = 0 \end{cases}$$

即

$$\begin{cases} 36x - 6y = 102 \\ -6x + 92y = 96 \end{cases}$$

又即

$$\begin{cases} 6x - y = 17 \\ -3x + 46y = 48 \end{cases}$$

解得

$$\begin{cases} x = 3.040\ 3 \\ y = 1.241\ 8 \end{cases}$$

即为此超定方程组的最小二乘解.

习题 5-2

1.某班学生关于父亲与孩子身高(单位:英寸)的统计数据如表 5-2-5 所示.

表 5-2-5

父亲身高	60	62	64	65	66	67	68	70	72	74
孩子身高	63.5	64.2	66	65.8	66.9	67.1	67.4	68.3	69.5	70.1

试问父子身高的一般规律是什么,并预测身高 73 英寸父亲的孩子大约多高? 给出相关 Matlab 实现程序,画出拟合直线,验算你的求解结果是否准确.

2.表 5-2-6 给定的是乌鲁木齐 2008 年 10 月 26 日至 11 月 26 日 1 个月早晨 07:00 左右(新疆时间)的天气预报所得到的温度数据表,试用最小二乘多项式拟合方法求其最佳多项式拟合曲线,并绘制相关图像予以说明.

表 5-2-6

天数	1	2	3	4	5	6	7	8	9	10
温度(℃)	9	10	11	12	13	14	13	12	11	9
天数	11	12	13	14	15	16	17	18	19	20
温度(℃)	10	11	12	13	14	12	11	10	9	8
天数	21	22	23	24	25	26	27	28	29	30
温度(℃)	7	8	9	11	9	7	6	5	3	1

3.对表 5-2-7 所列数据选用 $y=ae^{bx}$ 函数进行非线性拟合.

表 5-2-7

x	0.1	0.2	0.15	0	−0.2	0.3
y	0.95	0.84	0.86	1.06	1.50	0.72

4.实验测得某物理量的 6 对数据如表 5-2-8 所示.

表 5-2-8

x_i	0.5	1.0	1.5	2.0	2.5	3.0
y_i	1.75	2.45	3.81	4.80	7.00	8.60

请用最小二乘法求其拟合曲线.

5. 试用最小二乘法求解超定方程组

$$\begin{cases} x_1 + x_2 + x_3 = 2 \\ x_1 + 3x_2 - x_3 = -1 \\ 2x_1 + 5x_2 + 2x_3 = 1 \\ 3x_1 - x_2 + 5x_3 = -2 \end{cases}$$

5.3 工程计算器应用举例

5.3.1 用计算器进行角度单位换算

在工程技术应用领域中,常常需要进行角度单位间的换算.

5.3.1.1 由度化为弧度

【例 5-3-1】 用计算器把下列各角由度化为弧度(保留 4 位有效数字):

$$60° \qquad 100°16' \qquad -200°$$

分析:在计算前,首先按MODE MODE 2,把计算器的显示状态设定为R,然后按表 5-3-1 提示进行操作.

表 5-3-1

题目	按键顺序	显示
60°	60 SHIFT DRG 1 =	1.047 197 551
100°16′	100 o , , , 16 o , , , SHIFT DRG 1 =	1.749 983 463
-200°	(—) 200 SHIFT DGR 1 =	-3.490 658 504

解：60°≈1.047,100°16′≈1.750,-200°≈-3.491

5.3.1.2 **由弧度化为度**

【例 5-3-2】 用计算器把下列各角由弧度化为度(保留 4 位有效数字)：

$$6 \qquad \frac{\pi}{7} \qquad -2.5$$

分析：在计算前，首先按MODE MODE 1，把计算器的显示状态设定为 D，然后按表 5-3-2 提示进行操作.

表 5-3-2

题目	按键顺序	显示
6	6 SHIFT DRG 2 =	343.774 677 1
$\frac{\pi}{7}$	(SHIFT π ÷ 7) SHIFT DRG 2 =	25.714 285 7
-2.5	(—) 2.5 SHIFT DGR 2 =	-143.239 448 8

解：$6\approx343.8°,\frac{\pi}{7}\approx25.71°,-2.5\approx-143.2°$

表 5-3-3 列出了一些特殊角的度数与弧度数的对应关系.

表 5-3-3

度	0°	30°	45°	60°	90°	120°	135°	150°	180°	270°	360°
弧度	0	$\frac{\pi}{6}$	$\frac{\pi}{4}$	$\frac{\pi}{3}$	$\frac{\pi}{2}$	$\frac{2\pi}{3}$	$\frac{3\pi}{4}$	$\frac{5\pi}{6}$	π	$\frac{3\pi}{2}$	2π

5.3.2 用计算器计算三角函数值

利用计算器求已知角的三角函数值时，角的大小、正负可以是任意的；角的单位可以是度，也可以是弧度.因此，在计算三角函数值之前，必须先使用MODE键，把计算器调到相应的状态.

【例 5-3-3】 用计算器求下列各三角函数的值(结果精确到 0.001).

(1) $\sin(-513°)$； (2) $\tan471°$；

(3) $\sin(-2)$； (4) $\sin\frac{5\pi}{8}$；

(5) $\cos(-\frac{11\pi}{7})$； (6) $\tan(\frac{17\pi}{6})$.

分析:由于第(1)和(2)题中已知角是用角度制表示的,因此在用计算器解题前,首先按 MODE MODE 1 ,把计算器的显示状态设定为 D;第(3)(4)(5)和(6)题中已知角是用弧度制表示的,因此在用计算器解题前,首先按MODE MODE 2 ,把计算器的显示状态设定为R .按表 5-3-4 提示进行操作.

表 5-3-4

题号	显示状态	按键顺序	显示结果
(1)	D	sin ((—) 513) =	−0.453 990 499
(2)	D	tan 471 =	−2.605 089 065
(3)	R	sin ((—) 2) =	−0.909 297 426
(4)	R	sin (5 × SHIFT π ÷ 8) =	0.923 879 532
(5)	R	cos ((—) 11 × SHIFT π ÷ 7) =	0.222 520 934
(6)	R	tan (17 × SHIFT π ÷ 6) =	−0.577 350 269

解:

(1) $\sin(-513°)\approx-0.454$

(2) $\tan471°\approx-2.605$

(3) $\sin(-2)\approx-0.909$

(4) $\sin\frac{5\pi}{8}\approx0.924$

(5) $\cos(-\frac{11\pi}{7})\approx0.223$

(6) $\tan\frac{17\pi}{6}\approx-0.577$

习题 5-3

1.用计算器把下列各角由弧度化为度(保留 4 位有效数字):

128°　　310°　　−618°

2.用计算器把下列各角由弧度化为度(保留 4 位有效数字):

3　　−8　　$\frac{\pi}{11}$

3.用计算器求下列各三角函数的值(结果精确到 0.001):

(1) $\sin231°$;　　(2) $\cos(-175°)$;

(3) $\tan(-75°)$;　　(4) $\sin\frac{6\pi}{5}$;

(5) $\cos(-\frac{11\pi}{6})$;　　(6) $\tan(\frac{17\pi}{8})$.

5.4　专业应用案例(数值计算基础)

5.4.1　导线精度计算案例

【例 5-4-1】　某二级导线如图 5-4-1 所示,A、B、C、D 为已知点,$P_1 \sim P_3$ 为待定点,观测了 5 个左角和 4 条边长,已知数据及观测值如表 5-4-1 所示.观测值的测角中误差 $m_\beta = 2.0''$,边长中误差 $m_{si} = 0.2\sqrt{s_i(m)}$ mm.要求:

(1)计算角度闭合差并判断是否满足限差要求(二级导线角度中误差限值 $m_\beta = 8''$);

(2)计算坐标闭合差;

(3)计算导线全长相对闭合差并判断是否满足限差要求(二级导线全长相对闭合差限值为 1/10 000).

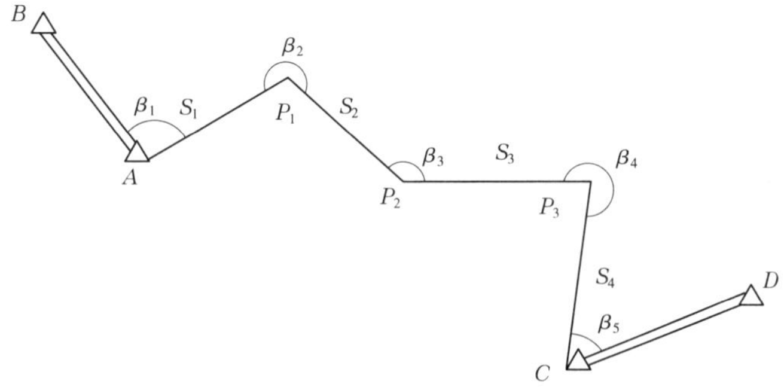

图 5-4-1　单一附合导线

表 5-4-1　已知数据和观测值

已知点	X(m)		Y(m)
A	599.951		224.856
B	704.816		141.165
C	747.166		572.726
D	889.339		622.134
β_i	观测角(°　′　″)	S_i	观测边长(m)
1	74　10　30	1	143.825
2	279　05　12	2	124.777
3	67　55　29	3	188.950
4	276　10　11	4	117.338
5	80　23　46		

解:(1)角度闭合差计算.

先根据已知点坐标计算出 BA 和 CD 边的坐标方位角,二级导线角度中误差限值 $m_\beta =$

8″,于是:

$$w_\alpha=\alpha_{BA}+\sum_{i=1}^{5}\beta_i-5\times180-\alpha_{CD}=-14.17$$

$$w_{\alpha限}=2m_\beta\sqrt{n}=2\times8\times\sqrt{5}=35.78$$

坐标方位角闭合差的绝对值小于限差值,符合规范要求.

(2)导线坐标闭合差计算.

先根据已知点坐标和方位角,由边长和角度观测值推算出方位角近似值、坐标增量和最后 C 点坐标近似值,与 C 点已知坐标相减得出坐标增量闭合差,取单位为 mm.

$$w_x=x_B+\sum_{i=1}^{n}\Delta x_i-x_C=22.37$$

$$w_y=y_B+\sum_{i=1}^{n}\Delta y_i-y_C=9.98$$

(3)导线全长相对闭合差计算.

$$f_S=\sqrt{w_x^2+w_y^2}=24.49,\frac{1}{T}=\frac{f_S}{[S]}=\frac{1}{23\ 474}\leqslant\frac{1}{10\ 000}$$

导线全长相对闭合差小于限差值,符合规范要求.

5.4.2　地面监测案例

测量工作中,往往需要根据测量数据点进行曲线拟合,寻求一般规律。例如,在地面沉降监测项目中,测量人员需要根据一段时期内的实际监测数据探寻地面变形的一般规律,实现沉降监测.

【例 5-4-2】　表 5-4-2 是山东济宁某矿采空区 A 点的变形观测数据表,试用最小二乘法建立地表下沉变形的一般规律,并预测未来 260 d 以后该区域地面累计下沉值大约是多少?

表 5-4-2

累计天数 T(d)	累计下沉值 Y(mm)	累计天数 T(d)	累计下沉值 Y(mm)
0	0	135	105
15	4	150	126
30	9	165	146
45	15	180	163
60	21	195	180
75	33	210	192
90	45	225	200
105	61	240	206
120	83	255	207

解:用 Matlab 进行拟合实验,寻找符合实际规律并且具有一定鲁棒性的拟合多项式函

数.

实验程序为:

```
format long;
x=[0:15:255];
y=[0 4 9 15 21 33 45 61 83 105 126 146 163 180 192 200 206 207];
A2=polyfit(x,y,2)          %2 次多项式拟合
vpa(poly2sym(A2),10)
y2=polyval(A2,x);
A3=polyfit(x,y,3)          %3 次多项式拟合
vpa(poly2sym(A3),10)
y3=polyval(A3,x);
A4=polyfit(x,y,4)          %4 次多项式拟合
vpa(poly2sym(A4),10)
y4=polyval(A4,x);
e2=(y-y2).^2;              %计算平方误差
e3=(y-y3).^2;
e4=(y-y4).^2;
R2=corrcoef(y,y2)          %计算拟合度
R3=corrcoef(y,y3)
R4=corrcoef(y,y4)
```

运行程序后,输出结果如下:

a.**命令窗口输出:**

y2=0.0007097809884 * x^2 + 0.7850877193 * x - 16.15789474;

y3= - 0.00003207243478 * x^3 + 0.01297748729 * x^2 - 0.4308584642 * x + 5.923976608

y4= - 0.000000086057224 * x^4 + 0.00001181674946 * x^3 + 0.00591003777 * x^2 - 0.05560593899 * x + 2.368952685

R2= 0.987425440302911,R3=0.999224523463593,R4=0.999596023868186

这里 y2,y3,y4 分别为二次、三次、四次多项式拟合函数(规律);R2,R3,R4 分别为各次拟合的拟合度.

b.**性能分析图像输出:**

由图 5-4-2 和图 5-4-3 不难看出,四次多项式曲线拟合已能较好地反映本案例中的实际地面沉降情况,而且鲁棒性较好,所以我们选择四次多项式拟合结果

y=- 0.000000086057224 * x^4 + 0.00001181674946 * x^3 + 0.00591003777 * x^2 - 0.05560593899 * x + 2.368952685

为本案例中所寻求的一般规律.并由此计算出 260 d 后的累计沉降值为

y260 =2.074738031231556e+002

即预计未来 260 d 以后该区域地面累计下沉值大约为 207.5 mm.

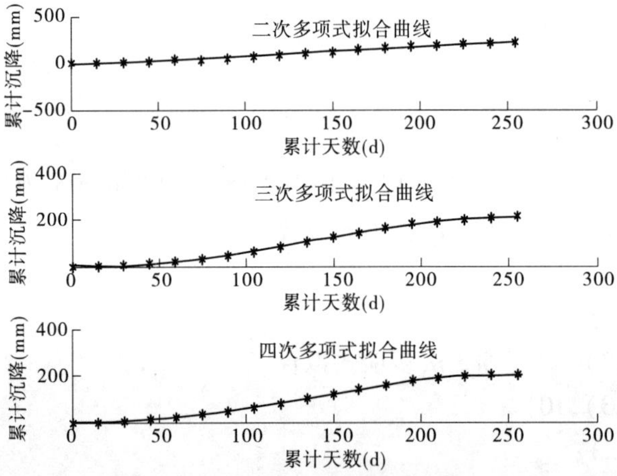

图 5-4-2 拟合数据与拟合曲线

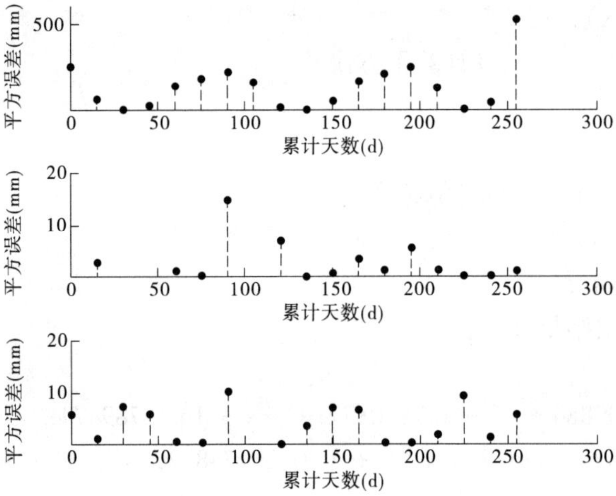

图 5-4-3 拟合后的平方误差

习题 5-4

本节案例 5-4-2 中的数据拟合问题还有其他哪些实现方法,请一一实现并对比各种实现方法的优缺点.

复习题五

一、选择题.

1. 以下软件中不能实现数据拟合的是(　　).

A. MATLAB　　B. EXCEL

C. WORD　　D. WolframAlpha APP

2. 五次多项式曲线拟合函数中含有(　　)个待定系数.

A.4　　B.5

C.6　　D.7

二、求下列数据表的拟合函数：

（1）

x_i	1	2	3
y_i	10	20	30

（2）

x_i	−1	0	1	2
y_i	2	1	2	4.8

三、下列各数都是经过四舍五入得到的近似数，即误差限不超过最后一位的半个单位，试指出它们是几位有效数字：

（1）1.102 1　　（2）23.800　　（3）0.003 1

（4）8.008　　（5）1.220 0　　（6）123

附　录

附录 1　Matlab 工程实践

实验 I　基础绘图

表 I -1　绘制线条

函数名	功能
plot	绘制二维线条
plotyy	绘制左右两侧同时有 Y 轴的二维线条
plot3	绘制三维线条
loglog	绘制 Log-log 比例的二维线条
semilogx	绘制横坐标是 Log 比例的二维线条
semilogy	绘制纵坐标是 Log 比例的二维线条
errorbar	沿着曲线绘制误差柱
fplot	在指定的区间绘制某函数
ezplot	用指定函数快速绘图
ezplot3	用指定函数快速绘制三维图
ezplot	绘制表达式、等式或函数
ezplot3	绘制三维表达式、等式或函数
ezpolar	绘制极坐标图
ezcontour	绘制等高线
ezcontourf	绘制填充的等高线
ezsurf	绘制彩色三维曲面
ezsurfc	联合绘制曲面和等高线
ezmesh	绘制三维网格
ezmeshc	联合绘制网格和等高线

表Ⅰ-2　线型与颜色

参数	意义
'-' '—' ':' '-.'	实线、虚线、点线、点划线
'+' 'O' '*' '.' '×'	加号、圆形、星号、点、叉号
's' 'd' 'p' 'h'	正方形、菱形、五角形、六角形
'^' 'v' '<' ">"	三角(向上、下、右、左指)
'r' 'g' 'b' 'c' 'm' 'y' 'k' 'w'	红、绿、蓝、蓝绿、洋红、黄、黑、白

任务 1:绘制空间螺旋曲线 $\begin{cases} x=\sin t \\ y=2\cos t \\ z=1.5t \end{cases}$ $(0<t<10\pi)$

程序:

```
t = 0:pi/50:10 * pi;
plot3(sin(t),2 * cos(t),1.5 * t)
axis square; grid on
```

运行结果如图 I-1 所示.

任务 2:绘制空间曲线 $z=xe^{-x^2-y^2}$ $(-2\leqslant x\leqslant 2,-2\leqslant y\leqslant 2)$.

程序:

```
[X,Y] = meshgrid([-2 : 0.1 : 2]);
Z = X. * exp(-X.^2-Y.^2);
plot3(X,Y,Z)
grid on
```

运行结果如图Ⅰ-2 所示.

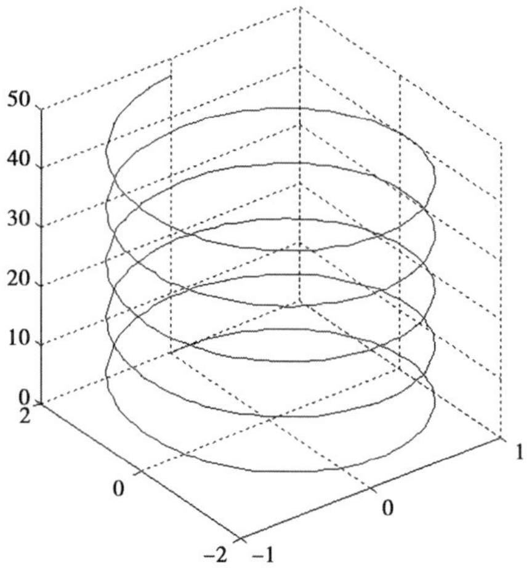

图Ⅰ-1　螺旋曲线

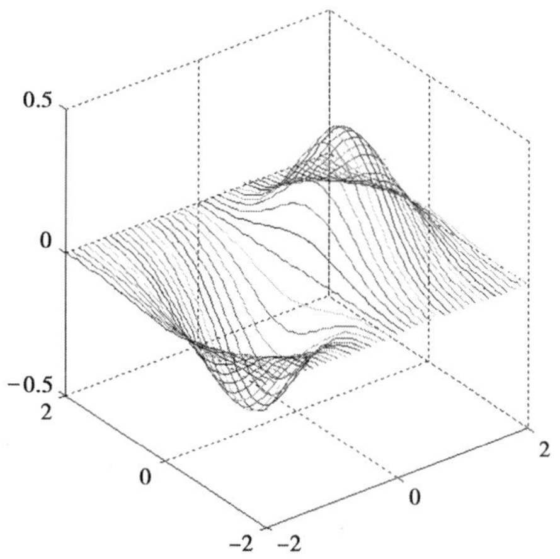

图Ⅰ-2　空间曲线

实验Ⅱ 数值微积分

表Ⅱ-1 数值微分

函数名	功能
del2	离散拉普拉斯微分
diff	微分和近似求导数
gradient	数值梯度
polyder	多项式求导

表Ⅱ-2 数值积分

函数名	功能
integral	数值积分
integral2	二重数值积分
integral3	三重数值积分
quadgk	自适应高斯-克隆罗德积分
quadv	矢量积分
quad	自适应辛普森积分
quadl	自适应罗巴托积分
quad2d	平面上的双重数值积分
dblquad	矩形上的双重数值积分
triplequad	三重数值积分
polyint	解析多项式积分
trapz	四边形数值积分
cumtrapz	累积四边形数值积分

实验Ⅲ 线性代数

表Ⅲ-1 线性方程组

函数名	功能
cond	计算矩阵条件数
condest	估计矩阵的 l_1 范数条件数
rcond	估计矩阵的 l_1 范数条件数的倒数
inv	矩阵求逆
pinv	计算矩阵的 Moore-Penrose 伪逆

续表Ⅲ-1

函数名	功能
linsolve	求解线性方程组
lscov	有协方差矩阵的最小二乘求解
laqnonneg	求解非负的最小二乘约束问题
funm	计算一般矩阵函数

表Ⅲ-2 矩阵分析

函数名	功能
null	生成空矩阵
det	计算矩阵行列式
norm	计算矢量或矩阵的范数
normest	估计矩阵谱范数
orth	生成矩阵(算子)值域的正交基底
rank	计算矩阵的秩
trace	计算矩阵的迹(对角线元素之和)
rref	用高斯-约当消去法处理矩阵
subspace	计算两个子空间的夹角
cond	计算矩阵条件数
condeig	计算和特征值相对应的条件数
rcond	估计矩阵 l_1 范数条件数的倒数

任务:试用 Matlab 解下列方程组:

(1):$\begin{cases} x_1+x_2-x_3=0 \\ 2x_1+3x_2+x_3=7 \\ 3x_1-2x_2-2x_3=-3 \end{cases}$

第一步:解的判定,运行如下程序

```
A=[1 1 -1;2 3 1;3 -2 -2];
B=[0 7 -3]';
xz=rank(A)
zz=rank([A B])
```

结果 xz=zz=3=3,所以方程组有唯一解.

第二步:求此唯一解,方法有三

x=A\b

x=inv(A) * b

克莱姆法则

(2):$\begin{cases} x_1 + x_2 - x_3 = 0 \\ 2x_1 + 3x_2 + x_3 = 7 \\ 3x_1 - 2x_2 - 18x_3 = -3 \end{cases}$

第一步:解的判定,运行如下程序

```
A=[1 1 -1;2 3 1;3 -2 -18];
B=[0 7 -3]';
xz=rank(A)
zz=rank([A B])
```

结果 xz=2,zz=3,所以方程组无解.

(3):$\begin{cases} x_1 + x_2 - x_3 = 0 \\ 2x_1 + 3x_2 + x_3 = 7 \\ 3x_1 - 2x_2 - 18x_3 = -35 \end{cases}$

第一步:解的判定,运行如下程序

```
A=[1 1 -1;2 3 1;3 -2 -18];
B=[0 7 -35]';
xz=rank(A)
zz=rank([A B])
```

结果 xz=zz=3<3,所以方程组有无穷多个解.

第二步:求其通解,用高斯消元法

```
C=rref([A b])              %求行简化阶梯形矩阵
```

运行结果为

```
c=
    1  0  -4  -7
    0  1   3   7
    0  0   0   0
```

由此可得

$\begin{cases} x_1 - 4x_3 = -7 \\ x_2 + 3x_3 = 7 \end{cases}$,即得通解为 $\begin{cases} x_1 = 4c - 7 \\ x_2 = -3c + 7 \\ x_3 = c \end{cases}$

实验Ⅳ　统计基础

表Ⅳ-1　描述性统计

函数名	功能
max	取数组的最大值及其下标
min	取数组的最小值及其下标
mean	计算数组的均值
median	计算数组的中位数
mode	取数组中出现次数最多的值
var	计算数组元素的方差
std	计算数组元素的标准差
cov	计算协方差矩阵
corrcoef	计算相关系数矩阵

表Ⅳ-2　随机数生成

函数名	功能
rand	生成均匀分布的伪随机数
randi	生成均匀分布的伪随机整数
randn	生成正态分布的伪随机数
rng	控制伪随机数生成
RandStream	设置生成伪随机数序列的内部状态值
randperm	随机置换

任务案例:某校 60 名学生的一次考试成绩如下:

93 75 83 93 91 85 84 82 77 76 77 95 94 89 91 88 86 83 96 81 79 97 78 75 67 69 68 84 83 81 75 66 85 70 94 84 83 82 80 78 74 73 76 70 86 76 90 89 71 66 86 73 80 94 79 78 77 63 53 55

(1)计算均值、标准差;

(2)检验分布的正态性;

(3)如果检验符合正态分布,请估计正态分布的参数;

(4)检验参数。

(1)~(3)的实现程序:

```
x=[93 75 83 93 91 85 84 82 77 76 77 95 94 89 91 88 86 83 96 81 79 97 78 75 67 69 68
84 83 81 75 66 85 70 94 84 83 82 80 78 74 73 76 70 86 76 90 89 71 66 86 73 80 94 79 78 77
63 53 55];                                  %输入数据
normplot(x)                                 %绘图对正态分布进行检验
jz=mean(x)                                  %计算均值
```

bzc = std(x)　　　　%计算标准差

[muhat, sigmahat, muci, sigmaci] = normfit(x)　　　　%正态总体的参数估计和置信区间

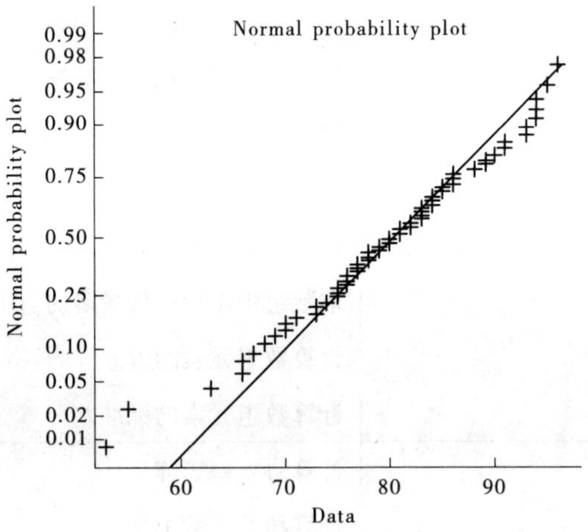

图Ⅳ-1　螺旋线

运行程序后的分析数据输出：

jz = 80.1000

bzc = 9.7106

muhat = 80.1000

sigmahat = 9.7106

muci = 77.5915　82.6085

sigmaci = 8.2310　11.8436

分析：由上述结果可估计出成绩的均值为 80.10，方差为 9.710 6，均值的 95%置信区间为[77.591 5,82.608 5]，方差的 95%置信区间为[8.231 0,11.843 6]．另外，由图Ⅳ-1 不难看出，图中"+"基本在一条直线上，故数据服从正态分布。

(4)检验参数：

已知成绩服从正态分布，在方差未知的情况下体验其均值 m 是否等于 80.100 0，使用 ttest( )函数；在方差已知的情况下，使用 ztest( )函数。实现程序为

>> [h, o, ci] = ttest(x, 80.1000)

运行后输出：h = 0　　p = 1　　ci = 77.5915　82.6085

分析：h = 0 意味着我们不能拒绝原假设，95%的置信区间为[77.591 5,82.608 5]．

实验Ⅴ　数据拟合

表Ⅴ-1　多项式

函数名	功能
poly	由根构造多项式,或者生成矩阵的特征多项式
roots	求多项式的根
polyder	计算多项式(或多项式的乘积、商)的导数
polyint	多项式积分
polyeig	求解多项式特征值问题
residue	在部分分式展开和多项式系数之间转换
polyval	计算多项式的值,如果输入是数组,则对每个元素分别计算
polyvalm	计算多项式的值,认为输入是矩阵

表Ⅴ-2　拟合

函数名	功能
polyfit	多项式拟合
lsconv	加权最小二乘拟合

附录 2　简易积分表

含有 $a+bx$ 的积分

1. $$\int(a+bx)^{\alpha}dx=\begin{cases}\dfrac{(a+bx)^{\alpha+1}}{b(\alpha+1)}+C & (\alpha\neq-1)\\ \dfrac{1}{b}\ln|a+bx|+C & (\alpha=-1)\end{cases}$$

2. $$\int\frac{xdx}{a+bx}=\frac{x}{b}-\frac{a}{b^2}\ln|a+bx|+C$$

3. $$\int\frac{x^2dx}{a+bx}=\frac{1}{b^3}\left[\frac{1}{2}(a+bx)^2-2a(a+bx)+a^2\ln|a+bx|\right]+C$$

4. $$\int\frac{xdx}{(a+bx)^2}=\frac{1}{b^2}\left(\frac{a}{a+bx}+\ln|a+bx|\right)+C$$

5. $$\int\frac{x^2dx}{(a+bx)^2}=\frac{x}{b^2}-\frac{a^2}{b^3(a+bx)}-\frac{2a}{b^3}\ln|a+bx|+C$$

6. $$\int\frac{dx}{x(a+bx)}=\frac{1}{a}\ln\left|\frac{x}{a+bx}\right|+C$$

7. $$\int\frac{dx}{x^2(a+bx)}=-\frac{1}{ax}+\frac{b}{a^2}\ln\left|\frac{a+bx}{x}\right|+C$$

8. $$\int\frac{dx}{x(a+bx)^2}=\frac{1}{a(a+bx)}-\frac{1}{a^2}\ln\left|\frac{a+bx}{x}\right|+C$$

含有 $\sqrt{a+bx}$ 的积分

9. $$\int x\sqrt{a+bx}\,dx=\frac{2(3bx-2a)(a+bx)^{\frac{3}{2}}}{15b^2}+C$$

10. $$\int x^2\sqrt{a+bx}\,dx=\frac{2(15b^2x^2-12abx+8a^2)(a+bx)^{\frac{3}{2}}}{105b^2}+C$$

11. $$\int\frac{xdx}{\sqrt{a+bx}}=\frac{2(bx-2a)\sqrt{a+bx}}{3b^2}+C$$

12. $$\int\frac{x^2dx}{\sqrt{a+bx}}=\frac{2(3b^2x^2-4abx+8a^2)(\sqrt{a+bx})}{15b^3}+C$$

13. $$\int\frac{dx}{x\sqrt{a+bx}}=\begin{cases}\dfrac{1}{\sqrt{a}}\ln\dfrac{|\sqrt{a+bx}-\sqrt{a}|}{\sqrt{a+bx}+\sqrt{a}}+C & (a>0)\\ \dfrac{2}{\sqrt{-a}}\arctan\sqrt{\dfrac{a+bx}{-a}}+C & (a<0)\end{cases}$$

14. $\int \frac{dx}{x^2\sqrt{a+bx}} = -\frac{\sqrt{a+bx}}{ax} - \frac{a}{2b}\int \frac{dx}{x\sqrt{a+bx}}$

15. $\int \frac{\sqrt{a+bx}}{x}dx = 2\sqrt{a+bx} + a\int \frac{dx}{x\sqrt{a+bx}}$

16. $\int \frac{\sqrt{a+bx}}{x^2}dx = -\frac{\sqrt{a+bx}}{x} + \frac{b}{2}\int \frac{dx}{x\sqrt{a+bx}}$

含有 $a^2 \pm x^2$ 的积分

17. $\int \frac{dx}{(a^2+x^2)^n} = \begin{cases} \frac{1}{a}\arctan\frac{x}{a} + C & (n=1) \\ \frac{x}{2(n-1)a^2(a^2+x^2)^{n-1}} + \frac{2n-3}{2(n-1)a^2}\int \frac{dx}{(a^2+x^2)^{n-1}} & (n>1) \end{cases}$

18. $\int \frac{x dx}{(a^2+x^2)^n} = \begin{cases} \frac{1}{2}\ln(a^2+x^2) + C & (n=1) \\ -\frac{1}{2(n-1)(a^2+x^2)^{n-1}} + C & (n>1) \end{cases}$

19. $\int \frac{dx}{a^2-x^2} = \frac{1}{2a}\ln\left|\frac{a+x}{a-x}\right| + C$

含有 $\sqrt{a^2-x^2}$ 的积分

20. $\int \sqrt{a^2-x^2}\,dx = \frac{x}{2}\sqrt{a^2-x^2} + \frac{a^2}{2}\arcsin\frac{x}{a} + C$

21. $\int x\sqrt{a^2-x^2}\,dx = -\frac{1}{3}(a^2-x^2)^{\frac{3}{2}} + C$

22. $\int x^2\sqrt{a^2-x^2}\,dx = \frac{x}{8}(2x^2-a^2)\sqrt{a^2-x^2} + \frac{a^4}{8}\arcsin\frac{x}{a} + C$

23. $\int \frac{dx}{\sqrt{a^2-x^2}} = \arcsin\frac{x}{a} + C$

24. $\int \frac{x dx}{\sqrt{a^2-x^2}} = -\sqrt{a^2-x^2} + C$

25. $\int \frac{x^2 dx}{\sqrt{a^2-x^2}} = -\frac{x}{2}\sqrt{a^2-x^2} + \frac{a^2}{2}\arcsin\frac{x}{a} + C$

26. $\int (a^2-x^2)^{\frac{3}{2}}dx = \frac{x}{8}(5a^2-2x^2)\sqrt{a^2-x^2} + \frac{3a^4}{8}\arcsin\frac{x}{a} + C$

27. $\int \frac{dx}{(a^2-x^2)^{\frac{3}{2}}} = \frac{x}{a^2\sqrt{a^2-x^2}} + C$

28. $\int \frac{x dx}{(a^2-x^2)^{\frac{3}{2}}} = \frac{1}{\sqrt{a^2-x^2}} + C$

29. $\int \frac{x^2 dx}{(a^2 - x^2)^{\frac{3}{2}}} = \frac{1}{\sqrt{a^2 - x^2}} - \arcsin \frac{x}{a} + C$

30. $\int \frac{dx}{x\sqrt{a^2 - x^2}} = \frac{1}{a}\ln\left|\frac{a - \sqrt{a^2 - x^2}}{x}\right| + C$

31. $\int \frac{dx}{x^2\sqrt{a^2 - x^2}} = -\frac{\sqrt{a^2 - x^2}}{a^2 x} + C$

32. $\int \frac{dx}{x^3\sqrt{a^2 - x^2}} = -\frac{\sqrt{a^2 - x^2}}{2a^2x^2} - \frac{1}{2a^3}\ln\left|\frac{a + \sqrt{a^2 - x^2}}{x}\right| + C$

33. $\int \frac{\sqrt{a^2 - x^2}}{x}dx = \sqrt{a^2 - x^2} - a\ln\left|\frac{a + \sqrt{a^2 - x^2}}{x}\right| + C$

34. $\int \frac{\sqrt{a^2 - x^2}}{x^2}dx = -\frac{1}{x}\sqrt{a^2 - x^2} - \arcsin\frac{x}{a} + C$

含有$\sqrt{x^2 \pm a^2}$的积分

35. $\int \sqrt{x^2 \pm a^2}\,dx = \frac{x}{2}\sqrt{x^2 \pm a^2} \pm \frac{a^2}{2}\ln|x + \sqrt{x^2 \pm a^2}| + C$

36. $\int x\sqrt{x^2 \pm a^2}\,dx = \frac{1}{3}(x^2 \pm a^2)^{\frac{3}{2}} + C$

37. $\int x^2\sqrt{x^2 \pm a^2}\,dx = \frac{x}{8}(2x^2 \pm a^2)\sqrt{x^2 \pm a^2} - \frac{a^4}{8}\ln|x + \sqrt{x^2 \pm a^2}| + C$

38. $\int \frac{dx}{\sqrt{x^2 \pm a^2}} = \ln|x + \sqrt{x^2 \pm a^2}| + C$

39. $\int \frac{x dx}{\sqrt{x^2 \pm a^2}} = \sqrt{x^2 \pm a^2} + C$

40. $\int \frac{x^2 dx}{\sqrt{x^2 \pm a^2}} = \frac{x}{2}\sqrt{x^2 \pm a^2} \mp \frac{a^2}{2}\ln|x + \sqrt{x^2 \pm a^2}| + C$

41. $\int (x^2 \pm a^2)^{\frac{3}{2}}dx = \frac{x}{8}(2x^2 \pm 5a^2)\sqrt{x^2 \pm a^2} + \frac{3a^4}{8}\ln|x + \sqrt{x^2 \pm a^2}| + C$

42. $\int \frac{dx}{(x^2 \pm a^2)^{\frac{3}{2}}} = \pm\frac{x}{a^2\sqrt{x^2 \pm a^2}} + C$

43. $\int \frac{x dx}{(x^2 \pm a^2)^{\frac{3}{2}}} = -\frac{1}{\sqrt{x^2 \pm a^2}} + C$

44. $\int \frac{x^2 dx}{(x^2 \pm a^2)^{\frac{3}{2}}} = -\frac{x}{\sqrt{x^2 \pm a^2}} + \ln|x + \sqrt{x^2 \pm a^2}| + C$

45. $\int \frac{dx}{x^2\sqrt{x^2 \pm a^2}} = \mp\frac{\sqrt{x^2 \pm a^2}}{a^2x^2} + C$

46. $\int \frac{dx}{x^3\sqrt{x^2+a^2}} = -\frac{\sqrt{x^2+a^2}}{2a^2x^2} + \frac{1}{2a^3}\ln\frac{a+\sqrt{x^2+a^2}}{|x|} + C$

47. $\int \frac{dx}{x^3\sqrt{x^2-a^2}} = \frac{\sqrt{x^2-a^2}}{2a^2x^2} + \frac{1}{2a^3}\arccos\frac{a}{x} + C$

48. $\int \frac{\sqrt{x^2+a^2}}{x}dx = \sqrt{x^2+a^2} - a\ln\frac{a+\sqrt{x^2+a^2}}{|x|} + C$

49. $\int \frac{\sqrt{x^2-a^2}}{x}dx = \sqrt{x^2-a^2} - a\arccos\frac{a}{x} + C$

50. $\int \frac{\sqrt{x^2\pm a^2}}{x^2}dx = -\frac{\sqrt{x^2\pm a^2}}{x} + \ln|x+\sqrt{x^2\pm a^2}| + C$

51. $\int \frac{dx}{x\sqrt{x^2+a^2}} = \frac{1}{a}\ln\frac{|x|}{a+\sqrt{x^2+a^2}} + C$

52. $\int \frac{dx}{x\sqrt{x^2-a^2}} = \frac{1}{a}\arccos\frac{a}{x} + C$

含有 $a+bx+cx^2$ 的积分

53. $$\int \frac{dx}{a+bx+cx^2} = \begin{cases} \frac{2}{\sqrt{4ac-b^2}}\arctan\frac{2cx+c}{\sqrt{4ac-b^2}} + C & (b^2<4ac) \\ \frac{1}{\sqrt{b^2-4ac}}\ln\left|\frac{\sqrt{b^2-4ac}-b-2cx}{\sqrt{b^2-4ac}+b+2cx}\right| + C & (b^2>4ac) \end{cases}$$

含有 $\sqrt{a+bx+cx^2}$ 的积分

54. $$\int \frac{dx}{\sqrt{a+bx+cx^2}} = \begin{cases} \frac{1}{\sqrt{c}}\ln|2cx+b+2\sqrt{c(a+bx+cx^2)}| + C & (c>0) \\ -\frac{1}{\sqrt{c}}\arcsin\frac{2cx+b}{\sqrt{b^2-4ac}} + C & (b^2>4ac, c<0) \end{cases}$$

55. $\int \sqrt{a+bx+cx^2}\,dx = \frac{2cx+b}{4c}\sqrt{a+bx+cx^2} + \frac{4ac-b^2}{8c}\int\frac{dx}{\sqrt{a+bx+cx^2}}$

56. $\int \frac{x\,dx}{\sqrt{a+bx+cx^2}} = \frac{1}{c}\sqrt{a+bx+cx^2} - \frac{b}{2c}\int\frac{dx}{\sqrt{a+bx+cx^2}}$

含有三角函数的积分

57. $\int \sin ax\,dx = -\frac{1}{a}\cos ax + C$

58. $\int \cos ax\,dx = \frac{1}{a}\sin ax + C$

59. $\int \tan ax\mathrm{d}x = -\dfrac{1}{a}\ln|\cos ax| + C$

60. $\int \cot ax\mathrm{d}x = \dfrac{1}{a}\ln|\sin ax| + C$

61. $\int \sin^2 ax\mathrm{d}x = \dfrac{x}{2} - \dfrac{1}{4a}\sin 2ax + C$

62. $\int \cos^2 ax\mathrm{d}x = \dfrac{x}{2} + \dfrac{1}{4a}\sin 2ax + C$

63. $\int \sec ax\mathrm{d}x = \dfrac{1}{a}\ln|\sec ax + \tan ax| + C$

64. $\int \csc ax\mathrm{d}x = -\dfrac{1}{a}\ln|\csc ax + \cot ax| + C$

65. $\int \sec x\tan x\mathrm{d}x = \sec x + C$

66. $\int \csc x\cot x\mathrm{d}x = -\csc x + C$

67. $\int \sin ax\sin bx\mathrm{d}x = -\dfrac{\sin(a+b)x}{2(a+b)} + \dfrac{\sin(a-b)x}{2(a-b)} + C \quad (a \neq b)$

68. $\int \sin ax\cos bx\mathrm{d}x = -\dfrac{\cos(a+b)x}{2(a+b)} - \dfrac{\cos(a-b)x}{2(a-b)} + C \ (a \neq b)$

69. $\int \cos ax\cos bx\mathrm{d}x = \dfrac{\sin(a+b)x}{2(a+b)} + \dfrac{\sin(a-b)x}{2(a-b)} + C \ (a \neq b)$

70. $\int \sin^n x\mathrm{d}x = -\dfrac{1}{n}\sin^{n-1}x\cos x + \dfrac{n-1}{n}\int \sin^{n-1}x\mathrm{d}x$

71. $\int \cos^n x\mathrm{d}x = \dfrac{1}{n}\cos^{n-1}\sin x + \dfrac{n-1}{n}\int \cos^{n-1}x\mathrm{d}x$

72. $\int \tan^n x\mathrm{d}x = \dfrac{1}{n-1}\tan^{n-1}x - \int \tan^{n-2}x\mathrm{d}x \quad (n > 1)$

73. $\int \cot^n x\mathrm{d}x = -\dfrac{1}{n-1}\cot^{n-1}x - \int \cot^{n-2}x\mathrm{d}x \quad (n > 1)$

74. $\int \sec^n x\mathrm{d}x = \dfrac{1}{n-1}\tan x\sec^{n-2}x + \dfrac{n-2}{n-1}\int \sec^{n-2}x\mathrm{d}x \quad (n > 1)$

75. $\int \csc^n x\mathrm{d}x = -\dfrac{1}{n-1}\cot x\csc^{n-2}x + \dfrac{n-2}{n-1}\int \csc^{n-2}x\mathrm{d}x \quad (n > 1)$

76. $\int \sin^m x\cos^n x\mathrm{d}x = \dfrac{\sin^{m+1}x\cos^{n-1}x}{m+n} + \dfrac{n-1}{m+n}\int \sin^m x\cos^{n-2}x\mathrm{d}x = \dfrac{\sin^{m-1}x\cos^{n+1}x}{m+n} + \dfrac{m-1}{m+n}\int \sin^{m-2}x\cos^n x\mathrm{d}x$

77. $$\int \frac{\mathrm{d}x}{a+b\cos x} = \begin{cases} \dfrac{2}{\sqrt{a^2-b^2}}\arctan\left(\sqrt{\dfrac{a-b}{a+b}}\tan\dfrac{x}{2}\right) + C & (a^2 > b^2) \\ \dfrac{1}{\sqrt{b^2-a^2}}\ln\left|\dfrac{b+a\cos x+\sqrt{b^2-a^2}\sin x}{a+b\cos x}\right| + C & (a^2 < b^2) \end{cases}$$

其他形式的积分

78. $\int x^n e^{ax} dx = \frac{1}{a} x^n e^{ax} - \frac{n}{a} \int x^{n-1} e^{ax} dx$

79. $\int x^\alpha \ln x dx = \frac{x^{\alpha+1}}{(\alpha+1)^2}[(\alpha+1)\ln x - 1] + C \quad (\alpha \neq 1)$

80. $\int x^n \sin x dx = -x^n \cos x + n \int x^{n-1} \cos x dx$

81. $\int x^n \cos x dx = x^n \sin x - n \int x^{n-1} \sin x dx$

82. $\int e^{ax} \sin bx dx = \frac{e^{ax}(a\sin bx - b\cos bx)}{a^2 + b^2} + C$

83. $\int e^{ax} \cos bx dx = \frac{e^{ax}(a\cos bx + b\sin bx)}{a^2 + b^2} + C$

84. $\int \arcsin \frac{x}{a} dx = x\arccos \frac{x}{a} + \sqrt{a^2 - x^2} + C$

85. $\int \arccos \frac{x}{a} dx = x\arccos \frac{x}{a} - \sqrt{a^2 - x^2} + C$

86. $\int \arctan \frac{x}{a} dx = x\arctan \frac{x}{a} - \frac{a}{2}\ln(a^2 + x^2) + C$

87. $\int x^n \arcsin x dx = \frac{1}{n+1}\left(x^{n+1}\arcsin x - \int \frac{x^{n+1}}{\sqrt{1-x^2}} dx\right)$

88. $\int x^n \arctan x dx = \frac{1}{n+1}\left(x^{n+1}\arctan x - \int \frac{x^{n+1}}{\sqrt{1+x^2}} dx\right)$

几个常用的定积分

89. $\int_{-\pi}^{\pi} \cos nx dx = \int_{-\pi}^{\pi} \sin nx dx = 0$

90. $\int_{-\pi}^{\pi} \cos mx \sin nx dx = 0$

91. $\int_{-\pi}^{\pi} \cos mx \cos nx dx = \begin{cases} 0 & (m \neq n) \\ \pi & (m = n) \end{cases}$

92. $\int_{-\pi}^{\pi} \sin mx \sin nx dx = \begin{cases} 0 & (m \neq n) \\ \pi & (m = n) \end{cases}$

93. $\int_{0}^{\pi} \sin mx \sin nx dx = \int_{0}^{\pi} \cos mx \cos nx dx = \begin{cases} 0 & (m \neq n) \\ \frac{\pi}{2} & (m = n) \end{cases}$

附录 3　参考答案

习题 1-1

1. $\left(3\sqrt{2},\dfrac{3\pi}{4}\right)$.

2. $PQ=6$.

3.(1) $\left(2\sqrt{3},\dfrac{\pi}{6}\right)$;(2) $\left(\dfrac{\sqrt{5}}{3},\dfrac{3\pi}{2}\right)$;(3) $(\dfrac{7}{2},0)$;(4) $\left(4,\dfrac{4\pi}{3}\right)$.

习题 1-2

1.略.

2. $\overrightarrow{AM}=\dfrac{1}{2}(c-b)$;$\overrightarrow{BN}=\dfrac{1}{2}(a-c)$;$\overrightarrow{CP}=\dfrac{1}{2}(b-a)$.

3.0.

4.(1) $\{1,-9,15\}$;(2) $\{3m+2n-4,-m-2,2m+3n+1\}$.

5. $\dfrac{1}{2},\dfrac{\sqrt{2}}{2},-\dfrac{1}{2}$;$\alpha=60°$;$\beta=45°$;$\gamma=120°$.

习题 1-3

1.(1)A 点在 X 轴上;(2)B 点在 YOZ 坐标面上;(3)C 点在 Z 轴上;(4)D 点在 XOZ 坐标面上.

2.(1)A 点在第五卦限;(2)B 点在 X 轴的正半轴上;(3)C 点在 Y 轴的负半轴上;
(4)D 点在第六卦限;(5)E 点在第四卦限.

3. $|OA|=5\sqrt{2}$;A 到 X,Y,Z 轴的距离分别为 $\sqrt{34}$, $\sqrt{41}$ 和 5.

4. $\left(4,\dfrac{5\pi}{6},\dfrac{\pi}{6}\right)$.

5. $(-1,1,-\sqrt{2})$.

复习题一

一、1.B;2.D;3.B;4.C;5.C;6.A;7.C.

二、1.$3\sqrt{2}$;2.$(2,-1,-3)$,$(-2,-1,-3)$;3.$6\sqrt{3}$;4.$\left(\dfrac{6}{11},\dfrac{7}{11},-\dfrac{6}{11}\right)$;5. $\sqrt{26}$;6.$\left(2,\dfrac{7\pi}{6}\right)$;7.(1)球面,(2)半平面,(3)圆锥面.

三、$a^2+b^2+c^2>d$,$C(-a,-b,-c)$;$R=\sqrt{a^2+b^2+c^2-d}$.

习题 2-1

略

习题 2-2

略

习题 2-3

略

习题 2-4

略

复习题二

略

习题 3-1

略

习题 3-2

略

习题 4-1

略

习题 4-2

略

习题 4-3

略

习题 4-4

略

习题 5-1

1. $0.02n$.
2.(1)58.603 2,误差限 0.001 1,4 位有效数字;
(2)1.927 9,误差限 0.031 2,2 位有效数字;
(3)$0.886\ 5\times10^{-5}$,误差限,1 位有效数字.

3. 0.33%.提示如下：

$$u=\frac{4}{3}\pi x^3 \Rightarrow \frac{\partial u}{\partial x}=4\pi x^2 ; 1\% = 4\pi \cdot x^2 \cdot x \cdot \frac{3}{4\pi x^3} \cdot \varepsilon(x) \Rightarrow \varepsilon(x)=\frac{1\%}{3} \approx 0.33\%$$

4. 真值0.501 670 841；第一种方法0.5，误差为0.167×10^{-2}；第二种方法0.501 670 836，误差为0.5×10^{-8}；第一种方法出现近似数相减而数值不稳定，第二种方法更精确.

5. 略.

习题 5-2

1. 设父亲身高x英寸时，其孩子身高为y英寸，父子身高的一般规律为$y=0.479\ 4x+34.858\ 0$；MATLAB 实现程序及结果如下：

```
x=[60 62 64 65 66 67 68 70 72 74];
y=[63.5 64.2 66 65.8 66.9 67.1 67.4 68.3 69.5 70.1];
A=polyfit(x,y,1)
y1=polyval(A,x);
plot(x,y',*r',x,y1,'-b')
y73=polyval(A,73)
```

2. 拟合实验表明，选用 15 次多项式拟合时效果最佳。Matlab 实现程序及结果如下：

```
x=[1:1:30];
y=[9,10,11,12,13,14,13,12,11,9,10,11,12,13,14,12,11,10,9,8,7,8,9,11,9,7,6,
5,3,1];
a1=polyfit(x,y,3)            %三次多项式拟合
a2= polyfit(x,y,9)           %九次多项式拟合
a3= polyfit(x,y,15)          %十五次多项式拟合
b1= polyval(a1,x)
b2= polyval(a2,x)
b3= polyval(a3,x)
r1= sum((y-b1).^2)           %三次多项式误差平方和
r2= sum((y-b2).^2)           %九次多项式误差平方和
r3= sum((y-b3).^2)           %十五次多项式误差平方和
plot(x,y,'*')                %用*画出x,y图像
hold on
plot(x,b1, 'r')              %用红色线画出x,b1图像
hold on
plot(x,b2, 'g')              %用绿色线画出x,b2图像
hold on
plot(x,b3, 'b:o')            %用蓝色o线画出x,b3图像
```

3. $y=1.099\ 7e^{-1.492\ 3x}$，Matlab 解决这类问题时，可先将参数a,b合写为向量c，并编写如下程序：

```
fun=inline('c(1)*exp(c(2)*x)','c','x');
```

```
x=[0.1,0.2,0.15,0,-0.2,0.3];
y=[0.95,0.84,0.86,1.06,1.50,0.72];
c=lsqcurvefit(fun,[0,0,],x,y)
res=norm(feval(fun,c,x)-y)^2          %用于计算机残差的平方和
x1=-0.2:0.05:0.3;
y1=c(1)*exp(c(22)*x1);
plot(x,y,'*r',x1,y1,'b')
```

其中[0,0]是初始值,Norm(feval(fun,c,x)-y)^2 用于计算机残差的平方和,即拟合函数在给定点的值和原始数据的差的平方和,运行结果为:

```
c=1.0997   -1.4923
res=0.0031
```

即最小二乘解为 a=1.099 7,b=-1.492 3,对应残差的平方和为 0.003 1.

4. $y = 0.561\,4x^2 + 0.828\,7x + 1.156\,0$

5. $x_1 = -1.591\,7, x_2 = 0.589\,9, x_3 = 0.757\,2$

习题 5-3

略

习题 5-4

略

复习题五

略

参考文献

[1] 宣立新.高等数学[M].2 版.北京:高等教育出版社,2005.
[2] 刘习贤,华柳斌.高等数学[M].上海:同济大学出版社,2009.
[3] 同济大学应用数学系.高等数学[M].北京:高等教育出版社,2002.
[4] 刘蒲凰.微积分[M].北京:经济科学出版社,2003.
[5] 许数声.高等数学[M].上海:华东理工大学出版社,2004.
[6] 北京建筑工程学院数学教研室.高等数学[M].北京:中国建材工业出版社,2002.
[7] 高职数学教材编写组.高等数学[M].北京:化学工业出版社,2003.
[8] 梁弘,翟步祥.高等数学基础[M].北京:北京交通大学出版社,2006.
[9] 沧州职业技术学院数学教研室.高等数学[M].天津:天津科学技术出版社,2009.
[10] 同济大学应用数学系.高等数学[M].5 版.北京:高等教育出版社,2006.
[11] 刘严.新编高等数学[M].大连:大连理工大学出版社,2014.
[12] 顾静相.经济数学基础[M].北京:高等教育出版社,2000.
[13] 李心灿.高等数学应用 205 例[M].北京:高等教育出版社,2003.
[14] 吴云宗,张继凯.实用高等数学[M].北京:高等教育出版社,2006.
[15] 杨本立.超定方程组最小二乘解行处理法[J].云南师范大学学报(自然科学版),1997,17(1):1-4.